JN144042

建設業一人親方と不安定就業

柴田徹平

東信堂

はじめに

建設産業は長引く不況のただ中にある。1992年には、84兆円にのぼっていた建設投資は、その後の公共投資の縮小、民間需要の低迷の下で、2015年には48兆円まで減少した。また設計労務単価など積算コストの削減、低価格受注競争の激化など「構造改革」政策の下で、地域に根差した建設・住宅業者の疲弊、若年技能・技術労働者の減少、若年者の入職回避[1]が進行し、建設産業が将来的に立ち行かなくなる状況が生じている。

建設企業の売上高、営業利益は、東日本大震災の復旧・復興工事などのいわゆる震災特需の影響で、回復基調にあるが[2]、資本金1千万円未満の企業の売上高営業利益率は、2014年で1.5%と資本金10億円以上の企業の4.1%と比べて低調である。また2010年からの5年間の資本金1千万円未満の企業の平均売上高営業利益率は0.5%であり、さらに2010年と2011年の同売上高営業利益率はマイナス（2010年－1.5%、2011年－0.8%）であり、資本金1千万円未満クラスの企業は、仕事を受注しても利益が殆ど出ないため、事業の継続が困難という状況に陥っている。

今後は、安倍政権下の「国土強靭化」計画（例えば、国土交通省の2015年度の公共事業概算要求額は6兆121億円でそのうち、3兆2,000億円が国土強靭化に向けた公共事業費）の下で大規模公共事業の拡大が進むと考えられるが、それによって零細企業の経営状況が好転するかは不透明な状況である。

戦後日本資本主義において日雇労働者が貧困層として分厚い層を形成してきたことは、多くの研究が示すところである。建設産業においても総務省『労働力調査』によれば、1986年時点で43万人が日雇労働者として建設業に従事していた。ところが2015年には日雇労働者は16万人にまで減少している。本書のスタンスは、日雇労働者にかわって貧困層として建設産業においてプレゼンスを高めてきたのが、かつては独立自営業者として建設職人が目指す地位であった、建設産業における人を雇わない自営業者、いわゆる一人親方ではないかということを明らかにする点にある。

彼らは、90年代後半以降の建設市場縮小局面において建設就業者全体が減少する中で、徐々にプレゼンスを高め、2015年時点で建設就業者の11.8%を占めるまでになっている。これは日雇の3.2%と比べても多い。90年代後半以降で一人親方のプレゼンスが高まってきた背景には、企業のコスト削減意識の強まりが考えられる。つまり、企業は一人親方を活用することで、社会保険料および営業上の諸経費(ガソリン・燃料費、道具代、駐車場代、金物代等)の負担を回避できる。

建設政策研究所(2008b)によれば、建設企業は、労働者を雇わずに外注化(一人親方化)することで、1人当たり年間で社会保険料95万円、営業上の諸経費65万円の計160万円の負担を回避できると述べている[3]。一人親方に相当する雇無業主は、『労働力調査』によれば、建設業で2015年に59万人が就業しているので、全体としてみれば、日本の建設企業は、一人親方を活用することで、9,440億円(160万円×59万人)の負担を回避していることになる。

特に建設産業において、90年代後半という時期は、建設投資の減少による市場縮小が進展し始めた時期であるだけでなく、金融危機の影響で企業の倒産が相次いだ時期でもあり、こうした状況の中で、企業のコスト削減意識が強まったのである。この点は、この時期の元請・下請関係が従来の下請系列化に基づく関係からよりドライな市場原理による関係に変容したという小関・村松・山本(2003)の指摘からも読み取ることができる。また市場が縮小する中で、受注の変動に対応するため、常時雇用する必要のない請負が、用いられたということもあろう。

ここで世界に目を移してみると、世界的にも個人請負就労者の活用が広がっている。例えば、ドイツでは、自営業者とされながら労働者とのグレーゾーンに位置すると考えられる就業者が93.8万人(全就業者の約3%)に上ると報告され[4]、フランスでは雇用外部化により法的には独立自営業者であってもその独立性が虚構に過ぎない形態によって生じていることを指摘した研究がある[5]。イタリアでは経済的には従属しているが自営業者と扱われることの多い準従属労働者が2004年10-12月期で40.7万人[6]、オーストラリアでは1998年にその実態が労働者に類似する従属的自営業者が21.5万人（全就業者の2.6%）[7]、アメリカでは独立契約者が1995年831万人（雇用労働者の6.7%）[8]に上っている。

この間のこうした個人請負就労者の活用の世界的な広がりは、雇用という枠を取り外し、労働コストの削減を図るという新自由主義的な労働規制の緩和が世界的に進んでいることの証左といえる。こうした中で、ILOは2006年にジュネーブにおいて、就業実態は労働者に類似しているが自営業者とされ、各種労働法の適用から除外されるいわゆる個人請負就労者の法的保護に関する文言を盛り込んだ『雇用関係勧告（第198号）』を採択した。

個人請負就労者は労働問題研究の新たな領域として国際的にも注目されているのである。ところが我が国では個人請負就労者に関する実証研究の蓄積が少ない。本書の第一の意義は、実態がまだ十分に明らかにされていないが国際的にも注目されている個人請負就労者を実証的に明らかにするという点にある。

ところで先行研究において一人親方は、江口（1975）、同（1980b）、加藤（1984）、同（1985）、同（1987）によって、不安定就業層と規定されてきた。一方で2000年代前半には、ダニエル・ピンク（2002）『フリーエージェント社会の到来』に見られるように、インターネットの普及に伴い雇われない働き方が新しい働き方として注目されてきた。ピンクらの議論では、雇われない働き方があたかも資本による搾取から自由であるかのように描かれている。こうした議論は、ホワイトカラーエグゼンプション等の労働法制の適用除外の議論につながっている。

私はかねてより雇われない働き方が本当に資本による搾取からの自由をもたらすのか疑問に思っていた。本書の目的は、一人親方を不安定就業という視角から体系的実証的に位置づけることにあるのだが、一人親方の捉え方は、江口、加藤の不安定就業論に始まりピンクの搾取からの自由論とふり幅が非常に大きい。それゆえに、改めて今日において一人親方のうちどの程度の人が不安定就業といえるのか実証的に明らかにしようと考えた。そして個人請負という働き方が今日においてどのように規定しうるのか解明すること、これが本書の第二の意義である。

また第二の意義と関連して、安倍政権は、特区制度やホワイトカラーエグゼンプションに見られるように労働法の適用が除外される労働者を政策的に作り出そうとしている。このような労働法の適用されない労働者は、どのような労働問題に直面するのか、本書は、この点を労働法の適用されない一人親方の実証研究を行うことによって先取りできる。ここに本書の第三の意義がある。

最後に、今思えば、これが一人親方の研究を行うことを決めた理由でもあるのだが、私は、労働問題研究の対象に自営業者を位置づけたいという強い思いがあった。つまり自営業者は、どんなに長時間働いても、最低賃金を下回るような低単価で仕事を受けざるを得なくても、仕事の受注が不安定で就業が不安定であっても、労働者ではないので労働条件の最低基準というものは存在しない。零細企業の保護に関する施策はあっても、それはあくまで企業としての保護である。ここに強い違和感を感じていた。

日本の自営業者に目を向ければ、日本国憲法第25条が保障する健康で文化的な最低限度の生活を営んでいるとは言えないような自営業者が数多く存在している。にもかかわらず、彼らの働き方は労働者ではないという理由だけで規制されず、黙認さえされているような状況である。こうした現状から前に進めるために、本書を通じて、自営業者は、労働問題研究の対象であることを明確にしようとした。

こうした思いが、どこまでなしえたかは、読者の判断に委ねたいと思う。

【注】

1　建設政策研究所（2015a）11頁によれば、24歳以下の入職者は、1992年の25万人から2009年には5.2万人へと5分の1まで減少している。
2　財務省『法人企業統計』によると、建設業資本金規模計の売上高営業利益率（100×営業利益／売上高）は2010年1.4％から2014年3.2％まで回復している。
3　建設政策研究所（2008b）110-111頁参照。
4　皆川（2006）146頁を参照。
5　小早川（2006）157-158頁は、v.Gérard Lyon-Caen（1990）, p.14を引用してこの点を明らかにしている。
6　小西（2006）183頁を参照。
7　M.Waite/Lou Will（2001）を参照。
8　米国労働省の非典型労働者調査データを用いた以下論文を参照。Schalon R Cohany（1996）および Anne E.Polivka（1996）を参照。

目　次／建設業一人親方と不安定就業

第３章　建設産業の下請再編下における一人親方の就業の不規則不安定性　61

第４章　建設産業における一人親方の長時間就業の要因分析　95

第５章　不安定就業としての一人親方の量的把握およびその特徴　121

終　章　貧困研究から貧困・労働問題研究へ　149

【文末資料：調査の概要と特徴】　157

建設業一人親方と不安定就業

—労働者化する一人親方とその背景—

序　章　本研究の課題と方法

1　建設産業における一人親方とは

従来、建設産業において一人親方とは、材工共請負を指していた。材工共請負とは、戸建新築工事などの工事一式を施主から直接に請負って、自ら見積、設計、職人の手配、施工を行い[1]、その工事の完成を約して契約する形態で、かつては町場[2]に多く見られる一人親方の代表的な請負形態であった。また材工共請負は「材工共であること」、「元請負であること」の二つの特徴を有していることから材料持元請ともよばれてきた[3]。

また建設政策研究所（2010）は、こうした町場における従来の一人親方の特徴を、①見習工、職人、一人親方、親方の4職階の一つであること、②技能の蓄積を伴っていること、③独立自営業者であること、④高収入が期待されること、と定義している[4]。

つまり、従来の一人親方とは、技術をもち高収入が期待できる独立自営業者であったといえよう。また1960年代半ばまでの住宅建築は、大手住宅資本ではなく、町場職人による木造戸建住宅づくりが一般的であった[5]ので、少なくとも1960年代半ばまでの住宅建築に従事する一人親方とは、従来の一人親方であったと考えられる[6]。

しかし、1960年代後半以降は、従来の一人親方とは異なる一人親方が現れるようになる。すなわち、従来の一人親方とは、町場で就業する材料持元請であったが、近年では、一人親方の就業する丁場は、野丁場、新丁場、その他と多岐に渡り、また材料持下請、手間請といった新たな請負形態で就業する一人親方が見られるようになった。

なお1960年代後半以降における一人親方の就業する丁場および請負形態の変化がどのようにして進んだのかは、3章3節1項で明らかにしているので、そちらを参照されたい。

また、材料持下請の一人親方とは、材料を持ち、元請企業から下請けとして工事を請ける一人親方をさし、手間請の一人親方とは、材料を持たず、労務のみを請負う一人親方をさす。加えて野丁場とは、辻村(1999)によれば、「主に戸建住宅建築以外の建築・土木施工を元請ゼネコンを頂点に縦横に広がる重層下請制による生産組織」[7]をさし、新丁場とは、重層下請制によって戸建住宅建築を施工する生産組織をさす[8]。

表序-1 東京における一人親方の請負形態、現場別構成比（2011年） 単位：%

	町場		新丁場		野丁場		その他			NA	現場計
	町場の施主直の現場	町場の大工・工務店の現場	大手住宅メーカーの現場	地元(中小)住宅メーカーの現場	大手ゼネコン・野丁場の現場	地元(中小)ゼネコン・野丁場の現場	不動産建売会社の現場	不動産・リフォーム会社・デパートが元請の現場	その他元請の現場		
材料持元請	9.3	4.0	0.4	0.2	0.4	0.1	0.2	0.6	1.3	1.4	17.9
材料持下請	1.7	8.6	2.0	0.4	0.5	1.4	1.5	4.2	3.4	1.8	25.5
手間請	6.3	13.4	7.0	2.9	7.7	3.2	2.3	4.4	6.4	2.9	56.6
合計	17.3	26.0	9.5	3.6	9.5	4.8	2.9	9.2	11.1	6.1	100.0

注1）網かけ部分が従来の一人親方である。『賃金調査』の個票データは2001年から2014年分までを入手しているが、2012年以降は「材料持元請」と「材料持下請」が「材料持ち」に統合されており、「材料持元請」の構成比がわかる最新のデータである2011年のデータを用いた。

注2）丁場区分は、9つの現場を筆者が区分した。一人親方の回答総数は、4,480人、請負形態別で材料持元請1,143人、材料持下請803人、手間請2,534人である。

出所：全建総連東京都連合会（2011）『賃金調査』の個票データより筆者作成。

表序 -1 は、全国建設労働組合総連合東京都連合会が組合員を対象に行ったアンケート調査である『賃金調査』の個票データをもとに、東京における一人親方の請負形態、現場別構成比を筆者が作成したものである。『賃金調査』を用いる理由は、全国の一人親方の丁場別構成を調査した統計がないからである。

表序 -1 を見ると、2011 年の東京に在住する一人親方のうち、「材料持元請×施主から直接請けた現場」に従事する一人親方が 9.3%、「材料持元請×町場の大工・工務店の現場」に従事する一人親方が 4.0%となっており、この合計の 13.3%が従来の一人親方に相当すると考えられる。つまり、今日の東京において、従来の一人親方は、一人親方全体の一割を占めるに過ぎないのである。

では、従来の一人親方以外の一人親方は、どのような請負形態、丁場で就業しているのだろうか。表序 -1 ではわかりにくいので、**図序 -1** より見ていこう。図序 -1 は表序 -1 のうち、従来の一人親方以外の一人親方を元請と下請に分けて、現場・丁場別にその構成比が見れるように再集計したものである。図序 -1 をみると、従来の一人親方以外で、その構成比が目を見張って大きいのが下請の一人親方である。下請の一人親方だけで一人親方全体の 77.3%を占めている。

従来の一人親方	13.3%

元請の一人親方	3.2%
①野丁場、新丁場の材料持元請	1.1%
②不動産建売会社の材料持元請	0.2%
③不動産・リフォーム会社・デパート及びその他が元請の材料持元請	1.9%

下請の一人親方	77.3%
①町場の材料持下請、手間請	30.0%
②野丁場、新丁場の材料持下請、手間請	25.1%
③不動産建売会社の材料持下請、手間請	3,8%
④不動産・リフォーム会社・デパート及びその他が元請の材料持下請、元請	18.4%

図序–1　東京における一人親方の丁場・現場別構成比（2011年）

注）表序 -1 のデータを再集計したもの。
出所：全建総連東京都連合会（2011）『賃金調査』の個票データより筆者作成。

さらにこの下請の一人親方の現場・丁場別構成比をみると、町場 30.0%、野丁場・新丁場 25.1%、不動産建売会社 3.8%、不動産・リフォーム会社、デパート及びその他が元請 18.4%となっている。

なお不動産建売企業の現場は、野丁場・新丁場および町場とは異なる性格を持った生産組織と考えるので[9]、町場、野丁場・新丁場には含めていない。加えて、不動産・リフォーム会社、デパート及びその他が元請の現場は、生産組織が重層下請制の場合は野丁場・新丁場に含まれるし、生産組織が水平的分業関係の場合は町場に含まれるが、不動産・リフォーム会社、デパート及びその他が元請の現場の生産組織がどちらに含まれるかは、『賃金調査』からはわからないので、こちらも町場、野丁場・新丁場には含めていない。

ところで図序 -1 では、下請一人親方の町場の現場、野丁場・新丁場の現場、不動産建売会社、不動産・リフォーム会社、デパート及びその他が元請の現場がどのような取引・請負関係にあるのかわからない。そこで『一人親方調査』[10]の事例を参考に各丁場・現場の取引・請負関係をモデルとして作成し図示したのが**図序 –2** である。

図序 -2 を用いて一人親方の就業する丁場・現場別の取引・請負関係を以下で見ていこう。

町場の場合

施主直の現場では、以下のような取引・請負関係が考えられる。まず施主から大工・工務店が工事の依頼を受ける。大工・工務店は、請けた工事一式を一人親方に回す。一人親方は請けた工事一式を施工する。次に大工・工務店の現場の場合は、施主から大工・工務店が工事依頼を受ける。大工・工務店は受けた工事の一部を一人親方に下請工事として出す。一人親方は請けた下請工事を施工する。

野丁場・新丁場の場合

野丁場・新丁場の場合は、施主から元請企業に工事依頼が出される。この場合、元請企業は、大企業であったり地場の中小企業であったりする。元請企業は、請けた工事の完成を重層下請制を用いて行う。

不動産建売企業の場合

不動産建売企業は、一人親方に工事を発注する。しかし、一人親方は不動産建売会社支給の材料を用いて施工をし、工期、単価も不動産建売会社が決定するので、実態は、材料持元請の立場にはなく、手間請として工事を施工する[11]。

不動産・リフォーム会社・デパート及びその他の現場

施主から不動産・リフォーム会社・デパート及びその他の元請企業に工事の依頼を出す。これらの元請企業は、請けた工事の一部を一人親方に下請工事として出す。一人親方は請けた下請工事を行う。

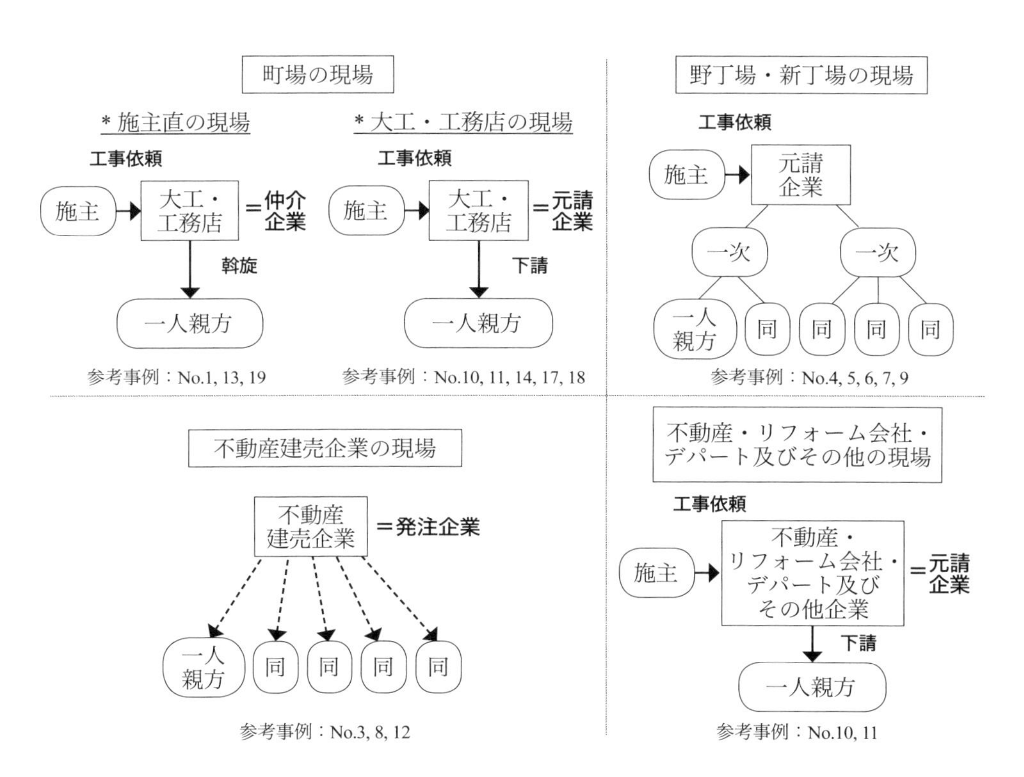

図序-2　下請一人親方の就業する丁場・現場別にみた取引・請負関係のモデル図

注）『一人親方調査』の事例を参考に取引・請負関係図のモデルを作成。図序-2はモデルなので、実際の事例より取引企業の数が過少な場合もあるが、基本的な取引・請負関係は図序-2の通りである。

出所：『一人親方調査』より筆者作成。

以上、下請一人親方の丁場・現場別の取引・請負関係をモデル図を用いてみてきた。次に図序-1における元請の一人親方に関する丁場・現場別の取引・請負関係であるが、『一人親方調査』の事例からは明らかにできなかった。

すなわち、野丁場・新丁場の現場は、一人親方が元請として工事を請け、重層下請制を用いて工事を完成させる生産組織と考えられるが、『一人親方調査』にはこのような事例はなかった。また不動産・リフォーム会社・デパート及びその他の元請企業の現場に関しては、おそらく一人親方が不動産・リフォーム会社・デパート及びその他の元請企業ということだろうが、これも『一人親方調査』の事例より明らかにできなかった。

不動産建売企業の現場に関しては、不動産建売企業が「発注者」として一人親方に工事を出していることから、一人親方が自らを元請として認識した結果と考えられるが、このケースも『一人親方調査』の事例より明らかにできなかった。

以上みてきたように、今日においては、従来の一人親方が部分化し、従来の一人親方とは異なる丁場、異なる請負形態で就業する一人親方が見られるようになっているのである。

なお建設政策研究所(2010)は、本節冒頭で述べた従来の一人親方の四つの特徴に当てはまらない一人親方を「一人親方」と規定し[12]、その就業実態を分析している。建設政策研究所(2010)の研究は、従来の一人親方をより具体的なレベルで定義し、その特徴を有しない「一人親方」の存在を指摘したという点で極めて優れた研究である。筆者もこの「一人親方」のとらえ方に同感である。一方で建設政策研究所(2010)は、「一人親方」が具体的にどのような一人親方を指すのかは明らかにしていないという限界があった。

以上、ここまでの議論を整理し、かつ本研究における筆者の一人親方の定義を示せば、**図序–3**のようになる。図序-3をまとめると以下のようになる。

第一に、従来の一人親方は、町場で就業する材料持元請の一人親方であった。しかし1960年代後半以降、従来の一人親方が部分化し、従来の一人親方とは異なる丁場、異なる請負形態で就業する一人親方が新たに現れるようになった。

第二に、建設政策研究所(2010)は、従来の一人親方の四つの特徴をあげ、

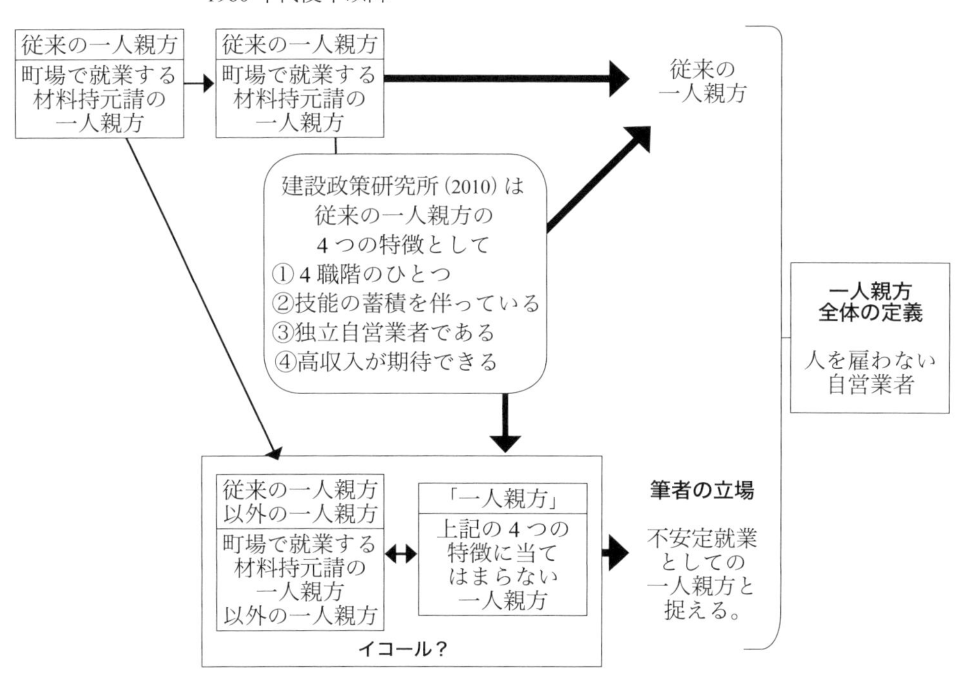

図序-3　本研究における一人親方の定義

出所：筆者作成。

この4つの特徴に当てはまらない一人親方を「一人親方」と規定した。一方で、建設政策研究所（2010）は、「一人親方」が具体的に何を指すのか明らかにしていない。そしてまたそれ故に、「一人親方」と従来の一人親方以外の新たな丁場、請負形態で働く一人親方が同義であるのかも検討されていない。

第三に、したがって、本研究の目的は、「一人親方」が従来の一人親方とは異なる点として不安定就業の側面に着目し、一人親方を不安定就業の状態にある者として実証的に位置づけることにある。なお、本研究では、一人親方全体の定義を「人を雇わない自営業主」として定義し、この一人親方の中に、不安定就業としての一人親方がどの程度存在しているのかを実証的に検討していく。

では本研究における一人親方全体は、建設労働力のうちどの程度の割合を占め、その職種構成、年齢構成はどのようになっているのか、この点を以下でみていこう。

一人親方は法律上の定義はないが、人を雇わない自営業主と定義した場合、類似の概念として総務省『国勢調査』の「雇人のない業主」および総務省『労働力調査』の「雇無業主」があげられる。したがってこの二つの統計より一人親方の特徴を明らかにする。

なお二つの調査における定義は、「雇人のない業主」が「個人経営の商店主・工場主・農業主などの事業主や開業医・弁護士・著述家・家政婦などで、個人又は家族とだけで事業を営んでいる人」と定義され、「雇無業主」が「従業者を雇わず自分だけで、又は自分と家族だけで個人経営の事業を営んでいる者(自宅で内職(賃労働)をしている者を含む。)」と定義される。

表序 -2 は、最近 30 年間の建設産業における従業上の地位別就業者数の推移をみたものである。表序 -2 より貧困層を形成していた日雇が 1986 年の 43 万人から 2015 年には 16 万人へと最近 30 年間で半数以下に減少していることが分かる。一方で、雇無業主は、50 万人台で推移している。また 90 年代後半より就業者総数、常雇ともに減少に転じているのに対して、雇無業主は、一転して増加の傾向にある。とりわけ 2000 年代はどの働き方も減少している中で、雇無業主は微増傾向にあり、全体に占める割合も、90 年代後半の 7 ～ 8%台から 2015 年には 11.8%まで増加している(図序 -4 参照)。

ところで**全国建設労働組合総連合東京都連合会**『賃金調査』(各年版)によれば、一人親方の 1 日当たりの賃金は、1996 年の 2 万 3,319 円から 2015 年の 1 万 8,515 円へと 20 年間の間に 20.6%も減少しており、その減少率は、厚生労働省『毎月勤労統計調査』(各年版)より建設業常用労働者の現金給与総額の減少率 1.7%減(1996 年 38 万 6,560 円→ 2015 年 38 万 141 円)よりも著しく大きい。このことから一人親方は、全就業者が減少する中で、労働条件を劣化させながら、構成比を高めているといえる。

決して、労働条件が良くなったので、担い手が増えたとは言えない状況といえよう。

表序-2　建設産業の従業上の地位別就業者数の推移　　単位：万人

年	総数	自営業		家族従業者	雇用者			
		雇有業主	雇無業主		総数	常雇	臨時雇	日雇
1986	534	36	53	30	415	350	21	43
1987	533	36	53	31	412	349	22	40
1988	560	36	55	33	436	370	24	42
1989	578	37	54	35	451	386	23	41
1990	588	36	55	35	462	401	22	39
1991	604	37	55	33	479	420	22	37
1992	619	36	55	31	497	441	23	32
1993	640	36	52	29	523	467	24	32
1994	655	37	52	29	536	481	23	33
1995	663	37	53	29	544	490	24	31
1996	670	39	52	28	551	497	24	30
1997	685	39	53	30	563	509	24	30
1998	662	35	52	27	548	494	24	30
1999	657	34	53	25	544	491	22	30
2000	653	35	54	26	539	488	25	25
2001	632	32	54	24	520	471	25	25
2002	618	32	57	24	504	454	27	24
2003	604	32	56	23	493	443	26	24
2004	584	30	56	21	476	432	24	20
2005	568	30	58	22	458	415	23	21
2006	559	29	58	19	453	410	24	19
2007	552	28	57	17	449	408	22	18
2008	537	27	57	16	437	399	21	17
2009	517	25	56	13	422	388	19	16
2010	498	25	56	12	405	370	19	16
2011	473	21	54	11	385	353	17	15
2012	503	21	58	12	411	375	19	17
2013	499	22	57	12	408	376	15	17
2014	505	22	58	14	410	381	13	16
2015	500	21	59	13	408	380	12	16

注）雇無業主割合＝100 ×建設業・雇無業主÷建設業・就業者総数で算出。
出所：総務省『労働力調査』各年版より筆者作成。

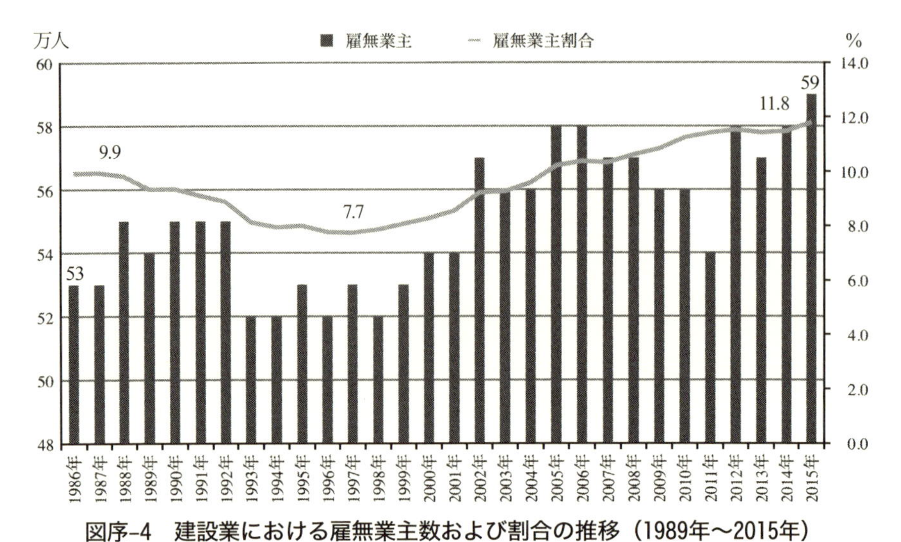

図序-4　建設業における雇無業主数および割合の推移（1989年～2015年）

表序-3　建設職種別にみた雇い人のない業主割合（2010年）　単位：人、％

	人数	構成比
大工	152,140	28.5
とび職	7,870	1.5
ブロック積・タイル張作業者	10,300	1.9
屋根ふき作業者	5,840	1.1
左官	27,010	5.1
配管作業者	39,500	7.4
畳職	7,340	1.4
土木作業者	25,960	4.9
その他の建設作業者	102,900	19.2
建設作業者小計	378,860	70.9
金属溶接・溶断作業者	9,970	1.9
板金作業者	17,000	3.2
塗装作業者、画工、看板制作作業者	48,460	9.1
建設機械運転作業者	4,460	0.8
電気工事作業者	75,800	14.2
総計	534,550	100.0

出所：総務省（2010）『国勢調査』より筆者作成。

次に職種別構成をみてみよう。**表序 –3** は『国勢調査』の建設職種別にみた雇い人のない業主割合である。表序 -3 をみると、最も多い職種が「大工」28.5%でそれに「その他の建設作業者」19.2%、「電気工事作業者」14.2%、「塗装作業者、画工、看板制作作業者」9.1%、「配管作業者」7.4%、「左官」5.1%などが続いている。

特徴的なのは、大工、左官、板金作業者などの従来、町場に多く見られた伝統的熟練職種の職種割合を合わせても建設業雇人のない業主の36.8%を占めているに過ぎないことである。このことからも今日の一人親方の職種が町場に多く見られる職種にとどまらず多様化していることがわかる。

最後に一人親方の年齢別構成をみていこう。**図序 –5** は、建設業における年齢階級別雇人のない業主割合の経年変化をみたものである。図序 -5 をみると、2010 年の一人親方の年齢階級別構成は、29 歳以下が 2.8%、30 ～ 39 歳が 18.0%、40 ～ 49 歳が 21.4%、50 ～ 59 歳が 27.9%、60 ～ 69 歳が 24.9%、70 歳以上が 5.0%となっており、50 歳以上割合が 57.8%と半数を超え、中高年齢者の割合が高い。

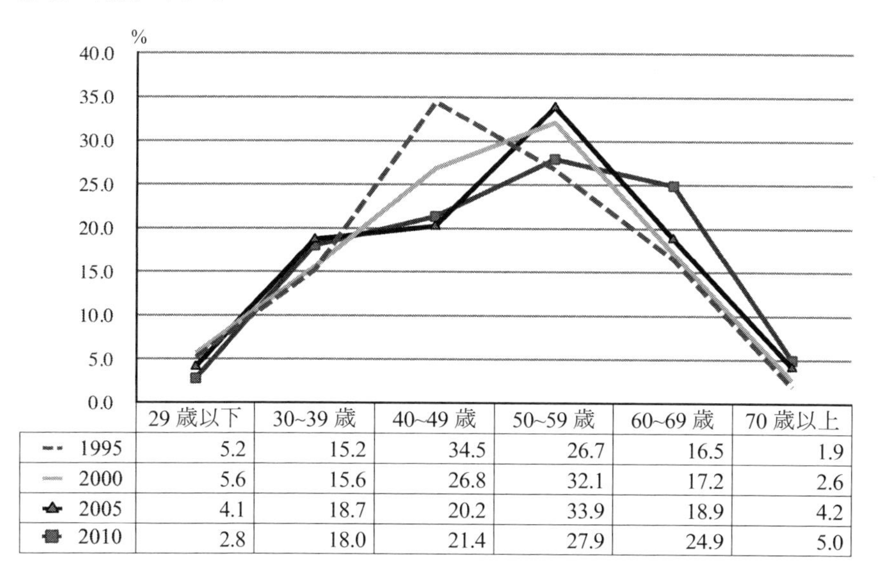

	29 歳以下	30~39 歳	40~49 歳	50~59 歳	60~69 歳	70 歳以上
1995	5.2	15.2	34.5	26.7	16.5	1.9
2000	5.6	15.6	26.8	32.1	17.2	2.6
2005	4.1	18.7	20.2	33.9	18.9	4.2
2010	2.8	18.0	21.4	27.9	24.9	5.0

図序–5　建設業の年齢階級別にみた雇人のない業主割合の経年変化
出所：総務省（2010）『国勢調査』より筆者作成。

また近年、一人親方の高齢化が進展している。つまり、50歳以上の雇人のない業主割合が1995年の45.2%から2010年の57.8%まで増大し、60歳以上で見ても1995年の18.4%から2010年の29.9%まで増大しているのである。一方で、29歳以下割合をみると、1995年の5.2%から2010年の2.8%まで減少しているのである。

2　本研究の課題

従来の一人親方とは、高収入の期待できる独立自営業者であり、またそれ故に、一人親方とは建設職人の目指すべき地位であった[13]。しかし、近年では企業が劣悪な労働条件で一人親方を活用する実態が明らかにされるなど[14]、従来の独立自営業者として理解したのでは説明することが困難な事態が進行している。

また厚生労働省(2010)は、「実態として雇用労働と変らない者や、自営であるものの雇用労働に近い実態を有する働き方の者」で「各種労働法による保護を受けられない」[15]者を個人請負型就業者と定義し、その数は2010年で112.7万人に上っている[16]。このうち建設業職種は55.5万人と個人請負型就業者の49.2%を占め、建設業一人親方は、我国において労働者保護から適用除外される就業者の代表的な職種となっている[17]。

ところで2009年に出された全国建設労働組合総連合第50回定期大会議案には以下のような文章がある。少し長いが今日の一人親方の実態を捉える上で重要と思われるので引用しよう。

「警察庁が公表した2008年の自殺統計によると、景気低迷による企業業績の悪化などを背景に、建設・不動産業界で自殺者が急増しています。自殺者の全体数(3万2,249人)が前年に比べ2.6%減る中、自殺した人を職業別に分けると、不況の影響が色濃い土木・建築と不動産の自営業だけがそれぞれ前年比14.5%、13.3%と大幅に増えています。

自殺者全体の中で遺書などによって原因・動機が特定されたのは2万3,460

人で、職業別では土木・建築業が453人、不動産業が57人でした。自殺理由として最も多かったのは『事業不振』で、土木・建築業では221人、不動産業では25人が事業不振を苦にして自殺しました。続いて多かった自殺理由は『多重債務』(土木・建築業では98人、不動産業では10人)。『生活苦』による自殺者も土木・建築業では22人でした。

職業別でみると、自営業の人の自殺者数は前年比2.2%減の3,206人と減少する傾向にある一方、土木・建築業は578人(2007年505人)、不動産業は102人(2007年90人)と増加。農林漁業717人に次いで土木・建築業の自殺者数が多くなっています」[18]。

近年の一人親方にみられる労働法適用除外のもとでの劣悪な労働条件は、建設自営業者の自死の増大を生み出しているのである。

こうした一人親方の劣悪な実態に関しては、これまでにも先行研究において、一人親方を不安定就業層と捉える研究において指摘されてきた。

すなわち江口は全三部にわたる研究[19]において、戦後日本の「貧困」の特徴を公的扶助を受けている保護世帯だけでなく、さまざまな給源から生み出され、沈下、累積、固定して厖大な「低所得層」が形成されている点にあると捉え、この「低所得層」をひとつの社会階層として位置付け、「低所得層」=「不安定就業階層」の存在を指摘した。

江口(1979)は、この不安定就業階層に建設業一人親方を位置付け、不安定就業階層の特徴として「"世間なみ"以下の低位劣悪な条件で、標準よりずっと長い労働時間と低い報酬、そして苦しい労働」[20]であることをあげ、また加藤(1987)も建設業一人親方を不安定就業階層に位置付けた上で、不安定就業階層を「資本の蓄積欲求によって過剰な、したがって現役群から差別されることによって資本蓄積の結果のみならず条件として不安定な就業状態におかれその生存をもおびやかされている就業者」[21]と規定しているのである。

このように先行研究において一人親方を不安定就業層として捉える研究が進められる一方で、実際に一人親方のうちどの程度が不安定就業層といえるのか、江口のいうように建設業一人親方は全て不安定就業層といえるのか、この点に関する実証研究は行われていない。後に見るように加藤は不安定就業階層の定義を行っているが、この定義が一人親方に当てはまるのかいなかに関する検討は行っていない。

したがって、本研究の目的は、加藤の規定した不安定就業階層の定義が今日の一人親方に適用できるのか否かを検討し、この検討結果に基づいて、今日における不安定就業としての一人親方の量的把握を行うこと、である。

なお筆者は、少なくとも本研究を執筆し始める時点では、一人親方を相対的過剰人口の一形態である停滞的過剰人口ではないかと捉えている。本研究の実証を踏まえ改めて、終章において結論を述べたい。

なお停滞的過剰人口とは、「現役労働者軍の一部分をなすが、しかしまったく不規則な就業のもとにある。こうして、この人口は、資本に対して、使用可能な労働力の汲めども尽きぬ貯水池を提供する。彼らの生活状態は労働階級の平均的な標準的水準以下に低下し、まさにこのために、彼らは資本の独自的搾取部門の広大な基礎となる。最大限の労働時間と最小限の賃銀が彼らの特徴をなす」[22]と定義される。

ところで伍賀(1988)は、「『資本論』の相対的過剰人口の本質規定」[23]を「相対的な、すなわち資本の平均的な蓄積欲求にとってよけいな、したがって過剰な、または追加的な労働力人口」[24]と位置付けた上で、「今日の不安定就業労働者の多くは、資本の蓄積運動によって『本来の現役労働者軍』から排除されたうえで、あらためて独占資本の資本蓄積欲求にとって必要不可欠な労働力として利用され」[25]ており、不安定就業労働者は、「過剰人口でありながら資本蓄積にとって必要不可欠な位置を占めるというはなはだ矛盾に満ちた存在である」[26]と述べ。このことをもって今日の不安定就業労働者を「相対的過剰人口の現代的形態」[27]と規定している。なお伍賀は、不安定就業労働者という表現を用いているが、不安定就業労働者に零細自営業者を含めている[28]。

3　研究課題の背景

以下では、本研究課題を設定するに至った背景を⑴貧困研究、不安定就業研究における一人親方研究、⑵技術革新による建設生産変容下における一人親方研究、⑶一人親方の法的保護に関する研究、の三つの視点から明らかにする。

(1) 貧困研究、不安定就業研究における一人親方研究

第一に、先行研究としてあげられるのは一人親方を不安定就業階層と規定した江口および加藤の研究である。

江口は全3冊に及ぶ研究[29]において、戦後日本における「貧困」の特徴は、公的扶助を受けているいわゆる保護世帯だけでなく、さまざまな給源から生み出され、沈下、累積、固定して厖大な「低所得層」が形成されている点にあると捉え、この「低所得層」をひとつの社会階層として位置付け、「低所得層」＝「不安定就業階層」の存在を指摘した。

江口の研究の優れたところは、戦後日本における「貧困」を生活保護基準という「国民生活の一つの公的な限界的基準、公的な“貧乏線”」[30]を下回る者だけでなく、「生活保護基準近くかあるいはそれ以下にあって、しかも生活保護制度からさえ排除されている層」[31]にまで広げて、かつこの「貧困」を長期に渡って維持・再生産される「社会階層」として位置付けたところにある。

つまり江口は、「『貧困』をたんに低生活とするのではなく、また労働力を失った、または持たない階層のものではなく、現に働きながら『貧困』の中にある広汎な就業階層までを含む」[32]ものとして捉えたのである。加えて、江口は「低所得層」＝「不安定就業階層」の特徴として「“世間なみ”以下の低位劣悪な条件で、標準よりずっと長い労働時間と低い報酬、そして苦しい労働」[33]で、「資本主義経済の拡大再生産の過程から必然的に出てくるところの、いわゆる相対的過剰人口、とくにその『固定した過剰人口』」[34]と捉えたのであった。

そして江口は、この「低所得層」＝「不安定就業階層」が日雇労働者と自営業

とは名ばかりの名目的自営業者から成っていることを実証したのである。そして以下の叙述をもって建設業一人親方を「不安定就業階層」に位置付けている。すなわち江口は、建設業一人親方を「生産構造、技術の高度化などにより…もはや自立的『職人』ではなく、実質的に賃金労働者としての『雇われ』の、そして高度な技能や熟練を殆んど持たない」[35]層と規定し、自営業とは名ばかりの名目的自営業者のひとつとして位置付けたのである[36]。

江口が『現代の「低所得層」』(上・中・下巻)において、建設業一人親方を論じた箇所は以上の点のみであるが、江口は、その後、建設業一人親方に関する規定を以下のように発展させている。つまり、江口(1982)において、請負大工、板金工、建設機械オペレーター、建設工事請負人等を「『雇用調整』過程で、生産『合理化』をになう大きな労働力的ファクターとして」[37]位置付け、その特徴として「使用者の指揮、命令のもとにあり、その直接支配をうけながら、自立営業者として処遇され、したがって、「労働者性」がないとの考え方のもとに、したがって、労働基準法は適用されず、すべての社会保険や労働保護上、あるいは使用者の責任をまぬがれることのできるようないわば、新しい型の賃金労働者」[38]と規定し、建設業一人親方を論じているのである。

また加藤(1987)も江口と同様に建設業一人親方を不安定就業階層として位置付けている。すなわち加藤(1987)は、不安定就業階層を「資本の蓄積欲求によって過剰な、したがって現役群から差別されることによって資本蓄積の結果のみならず条件として不安定な就業状態におかれその生存をもおびやかされている就業者」[39]と規定し、さらに、その特徴として、①就業が不規則・不安定であること、②賃金ないし所得が極めて低いこと、③長労働時間あるいは労働の強度が高いこと、④社会保障が劣悪であること、⑤労働組合等の組織が未組織であること、の五指標をあげた上で[40]、一人親方に関して以下のような特徴づけを行っている。

大工、左官等の請負契約をして就業する一人親方は、「請負仕事がない場合には賃労働もおこなう。」ことから「かれ等は『自営業者』ではあるが、ときどき賃労働者に」[41]なり、また「賃労働者の時より所得はふえるが、しかし経費がかさんで『勘定あって銭足らず』」[42] の状況になることから、「一人親方は就労形態から見ても、生活状態から見ても、完全な自営業者とはいえず、その多くが一種の『道具持ち労働者』ともいうべき層」[43] と規定しているのである。

また貨物自動車運転業いわゆる「ダンプ業者」については、企業の「ダンプ業者」にたいする就労過程における指揮、監督が事実上貫かれていること、「ダンプ業者」の賃金支払形態の分析を通じて、「ダンプ業者」の実収入が事実上の賃金であることを指摘し、「ダンプ業者」を「一人一車労働者」と規定しているのである[44]。

加藤（1987）は、以上の考察を踏まえて、一人親方とは「賃労働としての自分自身を搾取しながら、自分に支払うべき剰余価値の多くを独占資本に吸いあげられることによって、自分に支払えなくなっている」層として位置付けているのである。そして加藤はこの一人親方の規定に依拠して、一人親方を「不安定就業階層」あるいは「名目的自営業者」と規定しているのである[45]。

以上のように江口、加藤の研究は、一人親方を「不安定就業階層」という一つの社会階層として規定した点でこれまでにない卓越した研究といえる。

(2) 技術革新による建設生産変容下における一人親方研究

序章1節でも述べたように、従来の一人親方とは独立自営業者であった。しかし建設産業における技術革新と雇用労働者の外注化を契機に、一人親方の下請化が進展してきたことが先行研究によって明らかにされてきた。以下具体的にみていこう。

道又・木村（1971）は1960年代に戸建住宅生産の領域（いわゆる町場）で電動工具の導入、新建材の普及等の技術革新が進んだことを明らかにし[46]、椎名（1983a）は住宅各部の部品化＝工場生産化が進み、手工的熟練技術に裏付けられた建設職人、とりわけ大工の「自立性」が弱められたことを指摘した[47]。椎名（1983a）によれば、こうした町場における技術革新は手工的熟練に裏付けられ施主から直接工事を請ける立場にあった一人親方を1960年代半ば以降、戸建住宅市場に参入してきた大手建設資本の下請へと再編・淘汰し、一人親方の下請化を推し進めたという。

一方でダム建設等の大規模工事現場（いわゆる野丁場）における一人親方の下請化は主としてコスト削減を目的とした外注化によって進展した。日本人文科学会（1958）は野丁場における機械・設備の導入、コンベアーシステムによる流れ作業生産方式等の近代技術の導入が進み、その結果、技能の標準化、生産の大規模化が進んだことを指摘した。

高梨ら（1978）によれば、このような技術革新を背景とした生産の大規模化によって元請企業は必要な時に必要な技能を持つ労働者を提供できる世話役・親方層を必要とし、この時代には元請を軸とする技術革新が二次以下の下請化を促し、その系列化が進むと同時に世話役・親方層の機能が不熟練労働力の募集・統括を強めたと指摘している。

その後、1970年代以降には元請のコストダウンと下請の責任施工体制により世話役・親方層の労務下請化が進むことになる。すなわち椎名（1998）によれば、1970年代以降、世話役・親方層は、元請のコストダウンと下請の責任施工体制により、工事単価の低下や諸労務経費負担の増大が進み、配下の労働者を掌握することはかつてなく困難になってきたことを指摘しており[48]、その結果、世話役・親方層が職人を手放し労務下請化する状況が生まれたのである。

加えて佐崎（1998）、吉村（2001）によれば、1970年代に躯体職種において、それまで直用して使用していた世話役やその配下作業員の外注化が、税負担や福利費負担軽減を目的に進んだことが指摘された[49]。

以上のような一人親方の下請化が企業によって意図的に行われたという観点から椎名（1983a）あるいは建設政策研究所（2010）は一人親方の「事実上の労働者」化を指摘したのである。これは一人親方を不安定就業という視角から分析していく上で極めて重要な指摘であった。

また吉村（2001）も建設省の『建設業構造基本調査』（現在は国土交通省『建設業構造実態調査』。）と各種先行研究の知見を駆使して、1970年代から90年代にかけての一人親方の下請化の特徴として「かつてより労務下請の色彩が強まっているとみて、言いかえれば、使用人に類似する就業が増えているとみて、ほぼ間違いはなかろう」[50]と指摘している。

ここで吉村のいう労務下請の色彩が強まるとは、労務下請、言い換えれば手間請一人親方の増大を指しており、この手間請の増大をもって、使用人に類似する一人親方の増大を指摘しているのである[51]。

以上のように、先行研究において、一人親方は従来、独立自営業者と考えられてきたが、建設産業の近代化を経る中で、一人親方の下請化が進み、その過程で、労務下請の一人親方等、使用人に類似する一人親方が増大してきたといえる。

(3) 一人親方の法的保護に関する研究

先行研究の検討に入る前に我国労働法の適用対象者に関する基本的事項を整理しよう。労働基準法（以下「労基法」という）はその適用対象者である「労働者」を「職業の種類を問わず、事業又は事務所に使用される者で、賃金を支払われる者をいう」（労働基準法第９条）と定義しており、最低賃金法、賃金の支払の確保等に関する法律はその適用対象者を条文で労基法の「労働者」と規定している。

この第９条の規定を労働省の文章より具体的に述べれば、「労働者」であるか否か、すなわち「労働者性」の有無は「使用される＝指揮監督下の労働」という労務提供の形態及び「賃金支払」という報酬の労務に対する対償性、すなわち報酬が提供された労務に対するものであるかどうかによって判断されているのである[52]。

一人親方は自営業者なので労基法の「労働者」に該当しないのであるが、一人親方が自身の労働者性を主張し、裁判を起した場合に限り、上述の労基法の「労働者」の定義を労働省がより具体的な判断基準として定義した労働省労働基準法研究会（1985）『労働基準法研究会報告（労働基準法の「労働者」の判断基準について）』及び労働省労働基準法研究会労働契約等法制部会（1996）『労働者性検討専門部会報告（建設業手間請け従事者及び芸能関係者に関する労働基準法の「労働者」の判断基準について）』に基づいて、裁判官が当該一人親方の労働者性の有無を判断し労働者性が認められれば、当該一人親方は労働法の適用を受けることが可能となる。

なお一人親方の労働者性の有無に関して、請負形態別にその特徴を整理すれば、**図序-6** のようになる。労働省労働基準法研究会労働契約等法制部会（1996）によれば、図序-6 にあるように、一人親方のうち手間請一人親方は、日給月給制の場合は、労基法上の労働者となる[53]。一方で日給月給制ではない手間請一人親方と材料持一人親方は、労働省の定めた判断基準に基づいて裁判官が労働者性を認めた場合、労働基準法の適用対象となる。

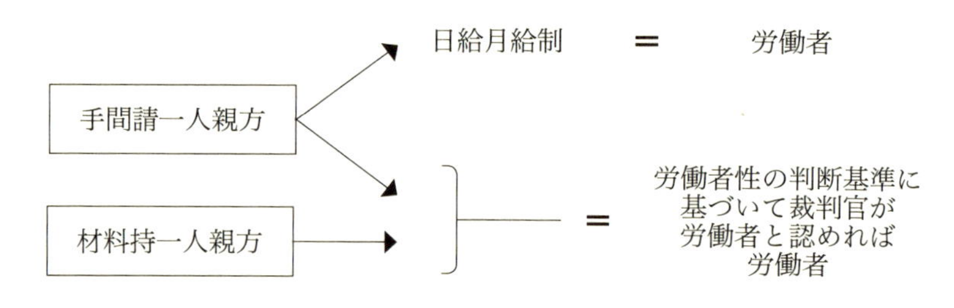

図序-6　一人親方が我国労働基準法上の労働者である場合の範囲
出所：労働省労働基準法研究会労働契約等法制部会（1996）、2-9 頁をもとに筆者作成。

以上が我国労働法の適用対象者に関する基本的事項である。そしてこうした状況のもとで裁判闘争によって一人親方の労働者性を認めさせる運動が繰り広げられており、海野（2005）は建設労組の取組みを紹介しながら、一人親方の労働者性を認めさせる判決を裁判闘争によって勝ち取ってきたことを指摘している[54]。

また労働法学の領域では一人親方の労働法適用を巡って議論がなされており、個人請負労働者に関する共同研究会（2010）および川口（2012）は、現行の判断基準が「指揮監督下の労働」の有無といった人的従属性を基本的な判断基準としており、報酬の労務対償性等の経済的従属性が従たる要素として判断されており、その結果、一人親方の労働者性認定のハードルが極めて高いものになっていることの問題性を指摘し、労働者性の判断基準は経済的従属性によって判断されるべきと述べている。

また鎌田(2005)も判断基準の解釈論として経済的従属性の要素の比重をより高めることを提起している[55]。また一人親方の労働者性の有無に関して、個人請負労働者の権利の保護と改善に向けての政策づくり共同研究会(2012)は事例分析に基づき、手間請の一人親方が労働組合法上の労働者[56]に該当する可能性が高いことを明らかにしている。

また海外における個人請負型就業者への労働法適用の実践を検討し、政策的示唆を得る研究も進められている。例えば、労働政策研究・研修機構(2006)は、ドイツ、フランス、イギリス、イタリア、オーストラリア、アメリカ、日本の7カ国における「労働者」の法的概念に関する比較研究を行い、ドイツ、フランス、イギリスでは個人請負型就業者等の非労働者への労働法適用が行われていることが指摘されている[57]。

このような個人請負型就業者等の非労働者への労働法適用を巡る議論が世界的に進んでいる背景には、個人請負型就業者の活用の世界的な広がりがある。例えばドイツでは、自営業者とされながら労働者とのグレーゾーンに位置すると考えられる就業者が93.8万人(全就業者の約3%)に上ると報告され[58]、フランスでは雇用外部化により法的には独立自営業者であってもその独立性が虚構に過ぎない形態によって生じていることを指摘した研究がある[59]。イタリアでは経済的には従属しているが自営業者と扱われることの多い準従属労働者が2004年10-12月期で40.7万人[60]、オーストラリアでは1998年にその実態が労働者に類似する従属的自営業者が21.5万人(全就業者の2.6%)[61]、アメリカでは独立契約者が1995年831万人(雇用労働者の6.7%)[62]に上る。

以上のような個人請負型就業者の世界的な広がりは、江口の規定した「労働基準法は適用されず、すべての社会保険や労働保護上、あるいは使用者の責任をまぬがれることのできるようないわば、新しい型の賃金労働者」がその呼称は異なれど、世界的に拡大していることを示している[63]。

なお本研究では、一人親方の労働者的側面が強まる／強い、等の表現を用いることがあるが、この意味は、一人親方に占める手間請割合の増大と同義である。

つまり、手間請一人親方は、現行法上、日給月給制の場合は労基法上の労働者であるし[64]、既述したように手間請の一人親方は労働組合法上の労働者に該当する可能性が高いことが先行研究によって指摘されているのであり、手間請一人親方は労働者としての側面を有している場合がある。そしてこうした性格を有する手間請一人親方の割合の増大を、本研究において筆者は、一人親方の労働者的側面が強まる／強い、と表記することとする。

4　本研究の方法と概要

以下では、本研究の方法と概要について述べていく。研究の方法から述べていこう。本研究では、一人親方のうちどの程度が不安定就業階層に属するのかを明らかにするため二つの手順を踏む。

第一は、加藤の定義した不安定就業指標のもとに、具体的にどのような条件が満たされた時に、一人親方は不安定就業階層に相当するといえるのかを検討する。この検討を1章から4章にかけて行う。

第二は、1章から4章にかけて明らかにした定義に基づいて不安定就業としての一人親方の量的把握を行うことである。これを5章で行う。本論文の構成を示せば、**図序-7**のようになる。

本研究の分析は筆者が独自に入手した一次資料を用いて行う。一次資料とは、全国建設労働組合総連合東京都連合会（以下「都連」という）の行った『賃金調査』の個票データと神奈川土建一般労働組合および横浜建設一般労働組合の協力のもとに行った聞き取り調査である『一人親方調査』である。

基本的には、この二つの調査を用いて、不安定就業指標の検討と不安定就業の一人親方割合を推計する。なお二つの調査の詳細は文末資料の「調査の概要と特徴」で述べているのでそちらを参照されたい。二つの調査の主な特徴を上げれば以下の通りである。

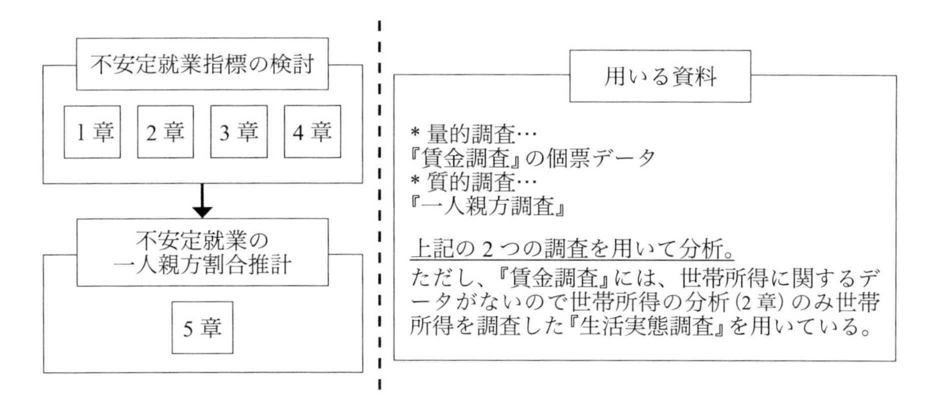

図序–7　本研究の構成と用いる資料

出所：筆者作成。

第一に、調査対象地域が『賃金調査』が東京、『一人親方調査』が神奈川であり、都市部の一人親方を対象としていることである。したがって地方圏に居住する一人親方の実態が本研究においては反映されていないという資料上の制約がある。ただし「調査の概要と特徴」でも述べるように、『賃金調査』の職種別、年齢別構成は全国平均と概ね同様の構成なので年齢別、職種別構成の代表性はあるといえる。

第二に、『賃金調査』の一人親方の賃金の代表性であるが、「調査の概要と特徴」でも述べるように、筆者の知る限り、全国の一人親方の賃金・所得を対象とした調査は、就業構造基本調査のオーダーメイド集計[65]を除いてないので、既存統計を用いて、『賃金調査』における一人親方の賃金の代表性を検討することはできない。

しかし、埼玉、千葉、神奈川、京都、徳島の一人親方を対象とした賃金調査が既に行われており、これらの調査と比較すると、『賃金調査』における一人親方の賃金は、埼玉、千葉、神奈川より低く、京都とほぼ同水準で、徳島の 1.3 倍である[66]。

第三に、『一人親方調査』は、神奈川に在住する 20 人の一人親方を対象に行った聞き取り調査であるが、同調査の対象職種が、住宅建築に携わる職種のみとなっており、躯体、土木職種などのいわゆる野丁場職種が調査対象からはずれていることである。この資料上の制約に関しては、既存調査を活用して補うこととする。

なお本研究では上記の二つの調査を用いた分析を基本としているが、『賃金調査』では、世帯所得に関する設問がないので、一人親方の世帯所得に関する分析ができない。この『賃金調査』の欠点を補うために、埼玉土建一般労働組合（以下「埼玉土建」という）の行った『生活実態調査』の個票データを活用する。この調査も筆者が独自に入手した一次資料であり、詳細は「調査の概要と特徴」で述べている。『生活実態調査』は 2 章の分析でのみ用いている。以上が本研究で用いる資料の主な特徴である。

研究の方法に話を戻そう。加藤（1987）の不安定就業階層の定義は既述した不安定就業の五指標を統一的に考慮したものと定義される。なお統一的に考慮とは、「これらの各々の度合はいつも等しい度合でかかわるのではなく、ある場合には賃金が劣悪でも労働時間が短い場合もあり、ある場合には賃金が高くとも労働の強度がきわめて高いということもあり得るであろう。あるいは建設業の『とび職』などの場合にしばしば見られるように、賃金、労働時間の点は良好でも労働の強度が高いばかりでなく災害に対する保障など、社会保障的側面が全く欠如している場合がある」[67] というように、実態に即して五指標を総合的に勘案して定義するということである。

本研究では、この五指標のうち一人親方の経済的存在条件である①、②、③の指標に相当する一人親方の分析を行うこととする。④社会保障が劣悪であること、は検討すべき重要な課題であるが本研究では検討することができなかった。残された今後の課題である。

つまり本研究で明らかにする不安定就業としての一人親方割合とは、指標

④に該当する一人親方の検討を行っていないという点で、実際の割合よりも過少となっている可能性がある。

次に、⑤労働組合等の組織が未組織であること、に関しては、浅見(2010)の研究によれば、一人親方等を組織化している全国建設労働組合総連合の全国平均組織率は27%であり、また地域別では東京64%、埼玉71%、神奈川36%、千葉29%、京都44%、兵庫57%、徳島94%[68]と今日における全国建設労働組合総連合の「組織化の到達点は驚異的といってよいもの」[69]であり、今日の一人親方は、労働組合等の組織が未組織であるとは言えないのである。

また5章で明らかにするように労働組合員の一人親方であってもその3割前後が不安定就業階層に相当するので、労働組合等に組織されていれば不安定就業階層に相当しないという訳でもない。したがって、今日の一人親方の実態を踏まえれば、加藤の不安定就業指標⑤は今日の一人親方の不安定就業の特徴を示したものとはいえないのである。

以上のことを踏まえて、本研究では加藤の規定した不安定就業指標①、②、③を一人親方の実態に即して総合的に検討し、いかなる場合に一人親方が不安定就業といえるのかの定義化を行い、その定義に基づいて、不安定就業としての一人親方割合の推計を行う。

次に本論文の概要を述べる。1章、2章では、不安定就業指標②に該当する一人親方の量的把握を行う。なお分析を2つの章にわたって行った理由は、資料上の制約によるものである。つまり、加藤は「賃金ないし所得が極めて低いこと」の根拠に生活保護基準を下回ることをあげているのであるが[70]、生活保護基準の比較対象となる世帯所得のデータが得られる資料は、『生活実態調査』のみで『賃金調査』に世帯所得の設問はない。

しかし、『生活実態調査』の回答数は1,090人に過ぎず、『賃金調査』の回答数4,809人の5分の1である。回答数の少しでも多いデータを用いたいとの意図から1章で『賃金調査』を用いて、生活保護基準を下回る一人親方割合を推計し、1章を補完する目的で2章では一人親方世帯における家族賃金の低所得世帯脱出効果を検討する。すなわち賃金が生活保護基準以下でも家族賃金を含めた世帯所得が保護基準を上回っていれば低所得・低賃金とはいえない。それ故に、2章では家族賃金があることによって賃金ベースの保護基準以下割合がどの程度減少するのかを検討する。

次に3章では、不安定就業指標①に相当する一人親方の定義とその特徴を考察する。具体的には、一人親方の下請化によって、下請の一人親方は企業にとって、使いたい時に使いたいだけ使える労働力になったことを、一人親方の就業構造の変化、一人親方の窮迫的自立の増加、コスト削減等を目的とした企業による下請一人親方の活用増加という観点から実証する。また、このような一人親方の下請化の結果、一人親方の就業が企業の生産変動に応じて、不規則不安定化し、そうした中で賃金が保護基準を下回る一人親方が生み出されていることを明らかにする。

以上の考察によって、下請かつ保護基準以下の一人親方が不安定就業指標①に該当することを明らかにする。

4章では、不安定就業指標③に相当する一人親方の定義とその特徴を考察する。具体的には、一人親方の週間就業時間60時間以上割合は12.9%に上るなど、10人に1人が過労死の恐れのある長時間就業者であることを踏まえて、『一人親方調査』の事例分析によって、長時間就業の一人親方の特徴を長時間就業の状態にない一人親方との比較分析を通じて明らかにする。

4章の結論は、手間請と材料持元請という請負形態は異なれど、一人親方は次の仕事があるかわからないという雇用不安ならぬ請負不安のもとで長時間就業を受け入れざるを得ない状況におかれていることである。逆に長時間就業に至らなかった一人親方の事例では仕事を確保できていることが明らかになった。以上のことを踏まえて、長時間就業の一人親方は、不安定就業としての一人親方に相当することを指摘する。

5章では、1章から4章にかけて明らかにした不安定就業としての一人親方の定義に基づいて、『賃金調査』の個票データより不安定就業としての一人親方割合を推計し、その特徴を明らかにする。またこうした近年の一人親方の不安定就業の現状を事例分析によってより具体的に記述し、その特徴を考察する。

以上の作業によって、今日の一人親方のどの程度が不安定就業階層に含まれるのかを明らかにする。

【注】

1　齊藤（2011）、204-205 頁を参照。
2　町場とは、戸建住宅建築を建主（施主）から受注した大工・工務店が下請制に頼らず施工する水平的生産組織をさす。建設政策研究所（2008a）、13 頁を参照。
3　例えば、全国建設労働組合総連合東京都連合会が組合員を対象に毎年行っている『賃金調査』の働き方区分には「材料持元請」というのがあるが、この「材料持元請」が材工共請負に相当する。
4　建設政策研究所（2010）は、13-14 頁において、全国建設労働組合総連合（1995）を引用しながら、かつての一人親方の特徴づけを行っている。
5　建設政策研究所（2008a）、13 頁、では、「東京オリンピックが行われた 1960 年代半ばあたりまでは住宅建築といえば町場職人による木造戸建住宅づくりが一般的であった」と述べられている。
6　1960 年代半ばまでの住宅建築に従事する一人親方数を把握することはできないので、本文では「考えられる」と表記した。その理由は以下のとおりである。
　後に詳しく述べるように、一人親方は法律上の定義はないが、総務省『国勢調査』における雇人のない業主および総務省『労働力調査』における雇無業主が一人親方に類似する概念であると考えられる。ゆえに上述の二調査を用いておおよその一人親方数を把握することは可能であるが、総務省の二つの調査の設問項目には、一人親方が携わる工事種類に関する設問はないので、住宅建築に従事する一人親方数を把握することはできない。一方で、『国勢調査』は、職種別の雇人のない業主数を調査しているので、住宅建築に携わる職種の一人親方を把握することが可能である。しかし、『国勢調査』が雇人のない業主の調査を始めたのは 1975 年からでありそれ以前の職種別雇人のない業主数は、『国勢調査』より把握することはできない。
　ゆえに、1960 年代半ばまでの住宅建築に従事する一人親方数を把握することはできないのである。
7　辻村（1999）、126 頁を引用。
8　椎名（1983a）、219-220 頁において、椎名は新丁場を「町場とは資本の支配のもとでの生産という点で異なり、しかも野丁場というには工事規模が戸建住宅ということで小さすぎる第三の領域」と定義している。その後、新丁場という言葉は、大手住宅資本を元請に重層下請制によって戸建住宅を施工する生産組織を指す用語として一般に定着している。
9　建設政策研究所（2008b）、64-111 頁によると、不動産建売企業は、一人親方あるいは大工・工務店に対して「発注書」、「注文書」を出し、それを一人親方あるいは大工・工務店が請けるという契約関係が見られる。つまり、不動産建売企業の現場において、不動産建売企業は、元請企業としては立ち現れない。それ故に、建設企業を元請とした重層下請制の生産組織をさす野丁場、新丁場とは異なる。一方で、不動産建売企業は一人親方に対して、本論文4章2節で取り上げる不動産建売企業G社の事例に見られるように、工期の一方的な決定、単価の一方的引下げなど、強い立場にあり、町場において見られるような水平的分業関係は見られない。したがって、不動産建売企業の現場は、新丁場、野丁場にも町場にも括ることのできない新たな性格を帯びた生産組織といえるので、野丁場・新丁場および町場に含めないこととした。

10 「文末資料：調査の概要と特徴」の『一人親方調査』の説明箇所を参照。

11 この場合の事例は、4章2節1項のLさんの事例を参照。

12 建設政策研究所(2010)前掲書、13-63頁を参照。

13 全国建設労働組合総連合(1995)、31頁でこの点が述べられている。

14 建設政策研究所(2010)は今日の「一人親方」の実態を分析し、一人親方の劣悪な就業実態を明らかにしている。

15 厚生労働省(2010b)、3頁を引用。

16 厚生労働省、前掲書、10頁は、山田(2007)の推計をもとに個人請負型就業者を推計している。この推計方法に基づいて2010年の個人請負型就業者を推計すると、その数は96.1万人となる。しかし、この推計には板金作業者、金属溶接・溶断従事者、画工、塗装・看板制作従事者、建設・さく井機械運転従事者、電気工事従事者が含まれていないので、これらの職種を含めると、個人請負型就業者は112.7万人になる。

17 個人請負型就業者のうち建設業職種を除く上位の職種は、「販売類似職業従事者」16.7万人(構成比14.8%)、「技術者」10.5万人(構成比9.3%)、「自動車運転者」8.6万人(構成比7.6%)となっており、建設業職種の構成比が49.2%であることを踏まえれば、建設業職種が個人請負型就業者の代表的な職種といえる。

18 全国建設労働組合総連合(2009)、111頁を引用。

19 江口(1979)、江口(1980a)、江口(1980b)を指す。

20 江口(1979)、33頁を引用。

21 加藤(1987)、42頁を引用。

22 K.Marx(1867)、672頁、邦訳、新日本出版社を引用。

23 伍賀(1988)、20頁を引用。

24 伍賀、前掲書、20頁を引用。

25 伍賀、前掲書、20頁を引用。

26 伍賀、前掲書、21頁を引用。

27 伍賀、前掲書、21頁を引用。

28 伍賀、前掲書、12頁によれば、「零細自営業者…を不安定就業労働者と呼ぶのは適切ではないかもしれない。しかし、これらの中には巨大企業の生産過程の末端を担いながら、利潤部分は巨大企業に収奪されているため取得できず、さらに自家労賃の確保すらも困難な場合がある。このため時間当りの所得では、同部門の労働者の平均時間賃金を下回ることが少なくない。それゆえ、これらも不安定就業問題として論じることとしたい」と述べて、不安定就業者に零細自営業者を含めている。

29　江口(1979)、同(1980a)、同(1980b)をさす。
30　江口(1979)、55頁を引用。
31　江口、前掲書、115頁を引用。
32　江口、前掲書、8頁を引用。
33　江口、前掲書、33頁を引用。
34　江口、前掲書、32頁を引用。
35　江口(1980b)、483頁を引用。
36　江口は、江口、前掲書、488-489頁で『国勢調査』を用い推計した表9-27「社会階層」構成の変化(1955～1970年)において、建設業・雇人のない業主全てを名目的自営業者にカウントしている。
37　江口(1982)、238頁を引用。
38　江口、前掲書、237頁を引用。
39　加藤(1987)、42頁を引用。
40　加藤、前掲書、47頁を参照。
41　加藤、前掲書、255頁を引用。
42　加藤、前掲書、256頁を引用。
43　加藤、前掲書、256頁を引用。
44　加藤、前掲書、264-265頁を引用。
45　加藤(1985)、77、81-82頁を参照。なお加藤(1987)は、加藤(1980)および加藤(1982)の増補改訂版である。
46　道又・木村(1971)、19-27頁を参照。
47　椎名(1983a)、225-226頁を参照。
48　椎名(1998)、61頁を引用。この種の議論としては佐崎(2000)、恵羅(2007)を参照。
49　佐崎(1998)、21-22頁、吉村(2001)、220-221頁を参照。
50　吉村、前掲書、226頁を引用。
51　吉村が、手間請を使用人に類似する就業であると述べる根拠は、吉村、前掲書、208頁の以下の記述にある。「労務下請、すなわち『手間請け』は下請負の側の業務遂行能力を文字通り主眼とするものであるから、そこでは前述のように元請あるいは上位の下請負業者との間の信頼関係の維持が要請される。言いかえると専属化しやすく、またその結果、地位としては従属的になる」ので「労働者の質的・量的側面に関する比重の高い」と述べている。
52　労働省労働基準法研究会(1985)、1頁参照。
53　労働省労働基準法研究会労働契約等法制部会(1996)、2頁を参照。
54　海野(2005)、9頁によれば、一人親方の労働者性が認められた判決としてはリモテックス破産事件(2001年・東京地裁)、新興産業倒産事件(2004年・労働基準監督署が認定)、朝日ハウス産業破産事件(2004年・破産管財人が認定)等がある。
55　鎌田(2005)、28、66頁を参照。
56　労働組合法上の労働者とは、同法3条で「この法律で『労働者』とは、職業の種類を問わず、賃金、給料その他これに準ずる収入によつて生活する者をいう」と定義されており、この定義は労基法上の労働者よりも「使用され」という要件が含まれていない分、広義の定義となっている[労使関係法研究会(2011)、5頁を参照]。

57　労働政策研修・研究機構（2006）、123頁によれば、ドイツでは労働者以外の保護を必要とする就業者を「労働者類似の者」と規定し、労働協約法、連邦年次休暇法、セクシャル・ハラスメント防止法、労働保護法、労働裁判所法の一部労働法の適用を行っている。

　また同157頁によれば、フランスでは労働法典第7巻に特定の職種・産業に関する特別規定がおかれ、非労働者にも、一定の条件の下で労働契約の推定、労働法の適用を認めている。具体的には、労働契約の推定が家内労働者、外交員、アーティスト、マヌカンで認められ、ジャーナリスト、一定の独立事業主が労働法典の適用、不動産管理人、家事使用人、認定保育ママが労働法典の一部適用を認められている。

　さらに同221頁によれば、イギリスではブレア労働党政権誕生以降に非労働者への一部労働法の適用を行う法制度を整えられている。つまり、ブレア政権は労働法の適用対象を「労働者（employee）」ではなく、「就労者（worker）」とすることで、雇用権利法、最低賃金法、労働時間規則、雇用関係法、パートタイム就労者（不利益取扱禁止）規則の一部労働法の適用対象者としたのである。

58　皆川（2006）、46頁を参照。

59　小早川（2006）、157-158頁は、v.Gérard Lyon-Caen（1990）、p.14を引用してこの点を明らかにしている。

60　小西（2006）、183頁を参照。

61　M.Waite/Lou Will（2001）を参照。

62　米国労働省の非典型労働者調査データを用いた以下論文を参照。Schalon R Cohany（1996）およびAnne E.Polivka（1996）を参照。

63　田（2010）、234-235頁によれば、個人請負就業者への労働法適用がILOで議論され、2006年6月15日に、ジュネーブにおいてILOが『雇用関係勧告（第198号）』を採択しており、個人請負型就業者の世界的な広がりの中で、国際的にも個人請負型就業者への労働法適用が進んでいるのである。

64　手間請のうち日給月給制の労働者がどの程度存在しているのかは、そうした点を調査した研究、統計がないので不明である。

65　就業構造基本調査のオーダーメイド集計は、筆者も申請によって活用することが可能であるが、本研究では時間の制約上、使うことができなかった。

66　詳細は文末資料の「調査の概要と特徴」を参照。

67　加藤（1987）、47頁を引用。

68　浅見（2010）、13頁を参照。

69　浅見、前掲書、13頁を引用。

70　加藤、前掲書、148-149頁を参照。

第1章　建設産業における生活保護基準以下賃金の一人親方の量的把握

1　問題設定

近年、建設職人の低賃金化が進んでいる。「ワンコイン大工と呼ばれて」[1]、これは建築雑誌の記事の見出しに付けられたタイトルである。ワンコイン大工とは1㎡の型枠を組む職人の労務単価が500円であることを意味しており、同記事によれば、1㎡当たり500円だと日給は1万円未満になるという。

こうした低賃金化の進展は一人親方に関しても例外ではない。建設政策研究所(2010)によれば、年間所得300万円未満の一人親方が39.1%に上るなど一人親方の賃金・報酬の低さが指摘されているのである[2]。一人親方は、労働者性が認められない限り労働基準法の適用対象から除外されるので、企業がいかに低い賃金で一人親方を活用してもそれを国レベルで規制する法律はない。近年では、こうした法制度上の不備のもと、企業によるコスト削減や受注調整を目的にした個人請負型就業者の活用が進んでいる[3]。

そもそも建設産業における一人親方とは、材料を持ち自ら工事を請ける独立自営業者であった。一人親方は施主からの工事の依頼を受け、見積書を作成し施工していたのである。

また、木下(1991)によれば、1973年までは建設労組による協定賃金運動が一定の賃金相場形成力を有しており[4]、協定賃金が一人親方の賃金下限の役割を果たしていたのである。

協定賃金とは、建設労組による職種別の賃金協定表をさし、木下(1991)によれば、「一番下の職人、労働者の賃金を平等かつ公平なものとしてまずきめて、その末端職人の賃金を土台にすえて親方同士が受注のために営業活動や技術力で知恵を出して、それなりの競争をすればよい、親方はまた協定賃金をベースにして施主に適正な受注単価を請求していく」[5]ものであった。

ところが大手建設資本の市場参入を契機に、協定賃金の賃金相場形成力は徐々に弱まっていくのである。この点を木下(1991)が簡潔に述べているので、そのまま引用しよう。木下いわく「1973年のオイルショック以降、だんだんと協定賃金と実勢賃金との開きが大きくなってきています。いうまでもなく1973年のオイルショック以降、建設大資本が町場に侵入し、建設産業が構造的に変化したことによるものです。かつて町場市場の九割が大工・工務店だったのが、東京では三割に減少してしまう事態が七〇年代から八〇年代にかけて進行してきます。…町場市場において受注をだんだんと占有し、市場をにぎり、そのことによって安い単価を業者や手間請職人に押しつけることが可能になる。…単価形成力が町場の職人から大手住宅資本のほうに移って、賃金が低く抑えられてしまうという事態が定着」[6]したとのことである。

また建設政策研究所(2008a)によれば、野丁場においても重層下請制のもとで建設産業組織の頂点に位置する大手ゼネコンが賃金相場形成に大きな影響力をもっていることが指摘されており[7]、このようにして大手建設資本が賃金相場形成に大きな影響力を持つ中で、企業による低賃金での一人親方の活用が行われているのである。

このような企業による低賃金での一人親方活用は、一人親方の下請再編が進む中で生じているのであるが、その点については3章で検討しよう。ここで指摘しておきたいことは、企業による低賃金での一人親方活用がまさに江口、加藤の規定した不安定就業階層に属する就業者の一側面であり、したがって、企業による低賃金での一人親方活用の結果、生活保護基準以下賃金の一人親方が生み出されているとすれば、そのような一人親方は不安定就業としての一人親方と規定できるということである。

本章の構成は以下の通りである。第一に、一人親方が生活保護費を受給する条件としての保護基準と保護基準´(一人親方の賃金が実際の生活保護費を下回らないために必要となる保護基準、便宜上「保護基準´」とする）の額を推計し、この二つの保護基準を下回る一人親方の推計を行い、その割合の高さを明らかにする。第二に、一人親方の保護基準以下割合を一般労働者のそれと比較し、一人親方の賃金水準が建設職種雇用労働者の水準に接近していることを実証する。

用いる資料の『賃金調査』の性格についてであるが、特徴に関しては文末資料の「調査の概要と特徴」に述べたとおりであるので、以下では同資料を用いる際の資料上の制約について述べる。留意すべき資料上の制約は三つある。

第一の制約は、『賃金調査』が一人親方の個人賃金を調査したものであり、一人親方の世帯所得に関する設問項目がないことである。つまり一人親方の賃金が保護基準以下であったとしても家族の就労所得や年金収入等の合計所得が保護基準を上回っていれば、生活保護制度の対象にはならない。この点に留意する必要がある。

第二の制約は、調査対象が東京という特定の地域に限定されていることである。したがって、本研究の対象が大都市部で就業する一人親方に限定されているとの批判は免れない。

第三の制約は、一人親方を除く世帯構成員の年齢を確定できないことである。保護基準のうち生活扶助第Ⅰ類、教育扶助、児童養育加算等は、世帯構成員の年齢によって金額が異なるので、この資料上の制約は大きい。

以上の三つの資料上の制約を踏まえ、一人親方の保護基準の推計に当たっては、以下の三つの仮定を設ける。仮定は、第一に、東京都に在住する一人親方に限定して保護基準の推計を行うこと、第二に、一人親方世帯は一人親方の賃金以外に収入がないこと、第三に、標準3人世帯モデルと7つの世帯モデルを設定しその場合の保護基準の推計に限定すること、の三つである。

2　生活保護基準以下の一人親方割合の推計

保護基準の推計に入ろう。推計には、賃金日額と就業日数に回答があった3,433人を用い、保護基準は2009年度のものを用いる[8]。ところで、保護基準額の計算は極めて複雑である。それ故に、以下では保護基準額の推計を、①生活保護費が支給される条件、②世帯モデルの設定、③保護基準以下の一人親方割合の推計に分けて作業を進める。

(1) 保護費が支給される条件

生活保護が必要か否か、そしてどの程度必要かの要否判定は、次の三つの過程を含むこととなる。第一に、受給申請者の最低生活費が認定される過程、第二に、受給申請者の収入が認定される過程、第三に、最低生活費と収入の認定額を比較し、収入の認定額が不足している場合、その不足する程度において保護が決定される過程、の三つである。

最低生活費は、厚生労働大臣の定める基準によって決まり、8種の扶助基準に児童養育加算、障害者加算等の各種加算の合計額として算出される。認定収入は、各控除額を収入から除いた金額となる。各控除額とは自営業者の場合、勤労控除のうち基礎控除の7割と事業上の必要経費である[9]。

勤労控除とは「就労のための需要などを考慮して稼動収入の多寡によって一定額を収入から差引く」ものを指す[10]。このうち基礎控除とは毎月の収入から控除されるものを指す。また必要経費とは、「その事業に必要な経費として店舗の家賃、地代、機械器具の修理費、店舗の修理費、原材料費、仕入代、交通費、運搬費等の諸経費についてその実際必要額を認定すること」[11]と定義される。したがって保護費が支給されるのは下記のような場合である。

最低生活費＝生活扶助＋住宅扶助＋教育扶助＋介護扶助＋医療扶助＋出産扶助＋生業扶助＋葬祭扶助＋各種加算
認定収入＝賃金－（基礎控除× 0.7）－必要経費

のとき、認定収入＜最低生活費がその条件となる。

(2) 世帯モデルの設定

次に世帯モデルの設定を行う。『賃金調査』は一人親方の年齢は確定できるが、他の世帯構成員の年齢は確定できない。それ故に、このままでは保護基準の推計が出来ない。そこで、本研究では二つの方法によって一人親方の保護基準の推計を行う。一つ目は、いわゆる標準 3 人世帯モデル（33 歳、29 歳、4 歳）の保護基準を平均的な一人親方の保護基準と仮定し、推計を行う方法である。二つ目は、7 つの世帯モデルを設定し、世帯モデル毎の一人親方を『賃金調査』から抽出し、抽出した世帯モデル毎の一人親方のうち保護基準以下の一人親方割合の推計を行う方法である。

このように 7 つの世帯モデルを設定することによって、保護基準以下割合をライフサイクル別に把握することができる。また世帯モデルを設定し、保護基準以下割合の定量的把握を行う方法は貧困研究においてこれまでも行われており、こうした先行研究との比較が可能となるといった利点がある。

二つ目の方法で設定する世帯モデルは、（イ）20 代単身（26 歳）、（ロ）20 代夫婦（26 歳、24 歳）、（ハ）30 代夫婦＋未婚子 1 人（35 歳、33 歳、3 歳）、（ニ）40 代夫婦＋未婚子 1 人（44 歳、42 歳、12 歳）、（ホ）50 代夫婦＋未婚子 1 人（55 歳、53 歳、23 歳）、（ヘ）60 代夫婦（64 歳、62 歳）、（ト）70 代夫婦（73 歳、71 歳）の 7 つである。なお年齢は、保護基準の推計に必要となるので筆者が設定した。

(3) 保護基準以下の一人親方割合

保護基準の推計に入る。**表 1-1** は一人親方の世帯モデル別にみた保護基準を推計したもので、標準 3 人世帯モデルを例にとって保護基準の算出をみていこう。

東京都のような大都会は、「1 級地 -1」とランクされ[12]、基準額は最も高くなる。生活扶助第 I 類は、33 歳 4 万 270 円、29 歳 4 万 270 円、4 歳 2 万 6,350 円の計 10 万 6,890 円である。生活扶助第 II 類は、世帯人員 3 人なので 5 万 3,290

円である。また児童養育加算が5千円となる。その他、必要に応じて住宅扶助が支給される。一般基準は、月額1万3,000円であるが足りない場合に特別基準が定められている。東京の場合、特別基準は単身者5万3,700円、2人以上世帯6万9,800円まで認められているのでこの特別基準を用いる。

表1-1　一人親方の世帯モデル別にみた保護基準の推計　　単位：円

	標準 3人 世帯	(イ) 20代 単身	(ロ) 20代 夫婦	(ハ) 30代夫婦 ＋未婚子 1人	(ニ) 40代夫婦 ＋未婚子 1人	(ホ) 50代夫婦 ＋未婚子 1人	(ヘ) 60代 夫婦	(ト) 70代 夫婦
想定年齢	33歳 29歳 4歳	26歳	26歳 24歳	35歳 33歳 3歳	44歳 42歳 12歳	55歳 53歳 23歳	64歳 62歳	73歳 71歳
①生活扶助Ⅰ類	106,890	40,270	80,540	106,890	118,440	116,630	72,200	64,680
②生活扶助Ⅱ類	53,290	43,430	48,070	53,290	53,290	53,290	48,070	48,070
③児童養育加算	5,000	0	0	5,000	0	0	0	0
④教育扶助	0	0	0	0	2,150	0	0	0
⑤住宅扶助 特別基準	69,800	53,700	69,800	69,800	69,800	69,800	69,800	69,800
保護基準 ①＋②＋③ ＋④＋⑤	234,980	137,400	198,410	234,980	243,680	239,720	190,070	182,550
保護基準 (住宅扶助なし) ①＋②＋③＋④	165,180	83,700	128,610	165,180	173,880	169,920	120,270	112,750

出所：全建総連東京都連合会（2009）『賃金調査』の個票データをもとに筆者作成。

以上のことから、標準3人世帯の保護基準は、23万4,980円となる。ただし、親や親族と同居し家賃がかからない場合は住宅扶助が支給されないので住宅扶助がない場合の保護基準の推計も合わせて行った。その金額は16万5,180円である。また世帯モデル別の保護基準は、表1-1の通りである。

図1-1は、上述した保護基準及び保護基準（住宅扶助なし）以下の一人親方割合を世帯モデル別に示した図である。**図1-1**を見ると、保護基準以下割合は、標準3人世帯で42.4％にも上っていることがわかる。また住宅扶助を除いた

場合の保護基準でみても保護基準以下割合は、25.4％と4人に一人の一人親方が保護基準以下である。

こうした一人親方の働く貧困化は建設産業の長期に渡る停滞と労働基準法の適用除外等、一人親方の報酬の最低基準が未確立という特殊な状況の下で生じている。つまりバブル崩壊以降の建設産業の長期停滞のもとで[13]、全建総連東京都連合会・建設政策研究所(2009)によれば、一人親方の賃金日額(月額は不明)は2009年1万7,706円と1996年2万3,319円対比24.0%減となっている[14]。これに対して厚生労働省の毎月勤労統計調査によれば、建設業常用労働者の現金給与総額は2009年37万4,363円と1996年38万6,560円対比3.2%減に留まっている。

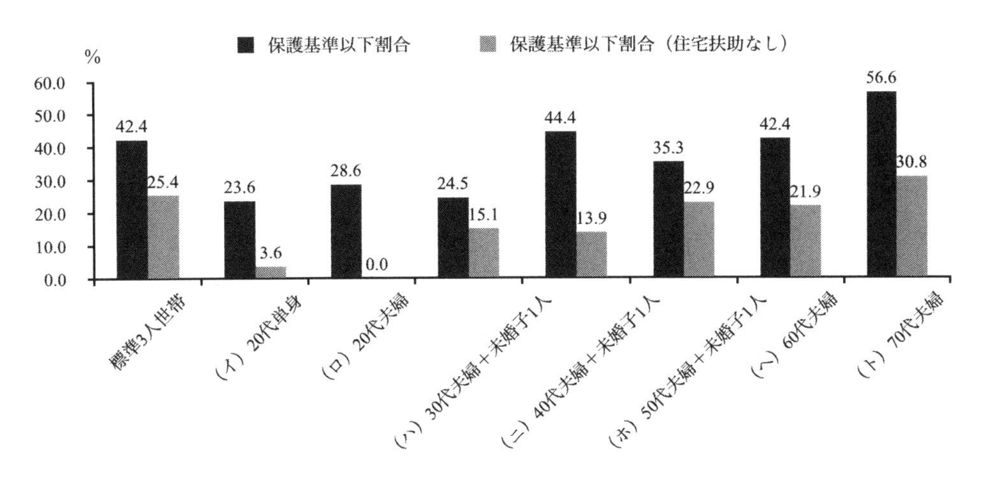

図1-1　世帯モデル別にみた保護基準以下の一人親方割合　　単位：%

注1）保護基準額以下割合は、世帯モデル別の一人親方数に占める「保護基準＜一人親方の収入」の一人親方の割合。世帯モデル別一人親方数は年齢と扶養家族数をもとに『賃金調査』から抽出した。

注2）一人親方の収入＝一人親方の賃金－基礎控除×0.7－必要経費で算出。一人親方の賃金と必要経費は『賃金調査』のデータを用いた。必要経費は電車・バス代、ガソリン・燃料代、現場の駐車場代、高速料金、作業・安全用品、釘・金物代の合計額。

出所：全建総連東京都連合会（2009）『賃金調査』の個票データ、生活保護手帳編集委員会（2009）をもとに筆者作成。

不況期に賃下げ圧力が強まることは一般に生じえることであるが、労働者であれば最低賃金法によって賃金の下限が法定されるが、一人親方にはそれがないので、不況期には常用労働者の7.5倍にも及ぶ大幅な賃金下落が生じ、その結果として一人親方の働く貧困化が進展しているのである。

一方で図1-1から世帯モデル別の保護基準以下割合をみると、世帯モデルによって保護基準以下の一人親方割合に差があり、高齢世帯モデルと就学児童のいる世帯モデルで比較的割合が高くなっている。高齢世帯モデルの場合、国民年金が考慮されていないので、実際の保護基準以下割合よりも高くなっている可能性があるが、少なくとも単身者の4人に1人、子育て世帯で妻が就業していない世帯の3世帯に1世帯が貧困世帯といえるのである。

つぎに住宅扶助を除いた場合の保護基準以下割合をみると、標準3人世帯で25.4%と住宅扶助を含んだ保護基準以下割合より17ポイント%減少する。世帯モデル別では、特に20代単身モデルと20代夫婦モデルの保護基準以下割合が一ケタ台と低い。このことは、若年の一人親方の場合、親と同居することによって保護基準以下に陥ることを回避できる可能性があることを示している。

その一方、60代夫婦と70代夫婦モデルの一人親方の2～3割は保護基準以下の賃金しか得られていない。このことは、仮に住宅ローン等の支払を終えて、持ち家があったとしても高齢の一人親方の2～3割が保護基準以下の賃金しか得られていないことを示している。

3　保護決定後受給保護費及び税・社会保険料等を考慮した生活保護基準額を用いた推計

前節で推計した保護基準の意味するところは、一人親方が生活保護費を受給する条件としての保護基準であった。しかし、二つの理由からこの保護基準は保護基準´(一人親方の賃金が実際の生活保護費を下回らないために必要となる保護基準をさす、）よりも過少である。

その第一の理由は、保護基準には保護費受給決定後に支給される生活保護費である期末一次扶助、冬季加算、特別控除及び基礎控除が含まれていないことである。これらの保護費は最低生活費の算定には認められていないが、保護の適用が決定すれば生活保護費として支給される。

第二の理由は、税・社会保険料[15]が保護基準に含まれていないことである。生活保護は、認定収入が最低生活費を1円でも上回っていれば適用されない。生活保護受給世帯は、税金や社会保険料の免除がなされるが保護の適用を受けられなくなれば、それらの支払いが義務付けられることになる。つまり、所得税や社会保険料を支払ったがために結果的に収入が保護基準以下となってしまう危険性が存在するのである。

以上の二つの理由を踏まえれば、保護基準´の額は保護基準と保護決定後受給の保護費及び税・社会保険料の合計額として捉える必要がある。このような保護基準に関する見方は金澤（2009）によって既に指摘されてきた。したがって、本節では保護基準´を推計し、その場合の保護基準´以下の一人親方割合を推計する。

表1-2は、世帯モデル別にみた一人親方の保護決定後支給保護費及び税・社会保険料の試算である。標準3人世帯を例にとって具体的な算出をみていく。

まず保護決定後に支給される保護費からみていこう。期末一次扶助が12月に支給され、額は1万4,180円でこれを12で割ると1,182円となる。暖房費等の冬季加算は、11～3月の5ヶ月間、級地と世帯人数によって支給される。3人世帯、1級地の場合は4,770円である。これを5倍して12で割ると、1,988円となる。次に特別控除であるが、年額15万900円を上限に年間収入の1割が認められている。標準3人世帯の年間保護基準額282.0万円（23.5万×12）の一割は28.2万円であるが、これでは上限額を超えてしまうので、15.09万円／12を特別控除とすれば、その額は1万2575円となる。また基礎控除は3万1,216円となる[16]。

表1-2　世帯モデル別にみた一人親方の保護決定後受給保護費及び税・社会保険料の試算　　単位：円、倍

	標準3人世帯	（イ）20代単身	（ロ）20代夫婦	（ハ）30代夫婦＋未婚子1人	（ニ）40代夫婦＋未婚子1人	（ホ）50代夫婦＋未婚子1人	（へ）60代夫婦	（ト）70代夫婦
①期末一次扶助	1,182	1,182	1,182	1,182	1,182	1,182	1,182	1,182
②冬季加算	1,988	1,288	1,667	1,988	1,988	1,988	1,667	1,667
③特別控除	12,575	12,575	12,575	12,575	12,575	12,575	12,575	12,575
④基礎控除	31,216	31,435	32,506	32,568	32,266	32,253	30,398	27,594
⑤所得税	14,702	12,837	14,181	15,813	15,184	11,082	13,365	8,954
⑥社会保険料計 ⑦＋⑧＋⑨	70,011	49,351	68,211	70,011	76,811	99,071	43,691	43,691
⑦国民健康保険料	32,600	26,600	30,800	32,600	39,400	47,000	35,600	35,600
基礎賦課額	32,600	26,600	30,800	32,600	34,600	42,200	30,800	30,800
介護分保険料	0	0	0	0	4,800	4,800	4,800	4,800
⑧一人親方労災保険料	8,091	8,091	8,091	8,091	8,091	8,091	8,091	8,091
⑨国民年金保険料	29,320	14,660	29,320	29,320	29,320	43,980	0	0
⑩保護基準	234,980	137,400	198,410	234,980	243,680	239,720	190,070	182,550
⑪保護基準´ ①＋②＋③＋④＋⑤＋⑥＋⑩	366,654	246,068	328,732	369,117	383,686	397,871	292,948	278,213
保護基準´／保護基準 ⑪／⑩	1.6	1.8	1.7	1.6	1.6	1.7	1.5	1.5

注1）国民健康保険料の算出方法は本文参照。一人親方労災保険料は給付日額1万4,000円で試算。国民年金は2009年の第一号被保険者の保険料1万4,660円×被保険者数で算出。

注2）世帯モデル別の月額賃金はイ、23万7,037円（55ケース）、ロ、29万7,032円（14ケース）、ハ、30万5,435円（106ケース）、ニ、29万4,377円（108ケース）、ホ、28万3,871円（170ケース）、へ、23万4,407円（488ケース）、ト、17万8,768円（180ケース）、標準3人世帯26万7,070円（3,433ケース）である。

出所：東京土建一般労働組合（2013）、厚生労働省（2013）をもとに筆者作成。

次に所得税についてみて行こう。所得税の計算方法は下記の通りである。

課税所得＝収入－必要経費－各種控除のとき、所得税＝課税所得×所得税率－課税控除額

上述の式をもとに『賃金調査』から当該一人親方の所得税を試算すると、1万4,702円となる。ただし試算において各種控除の金額が資料上の制約から過少となっており、したがって課税所得ひいては所得税が幾分過大となっている可能性がある。すなわち各種控除には、基礎控除38万円、配偶者控除、扶養控除、社会保険料控除、生命保険料控除、医療費控除等があり、このうち『賃金調査』から医療費、生命保険料を確定したデータは得られないので、その分だけ控除額が過少となっている可能性がある。

次に社会保険料であるが、社会保険は、国民健康保険、一人親方労災保険、国民年金保険の合計額として試算する。まず国民健康保険であるが、一人親方は、全て東京土建国民健康保険組合に加入しているものと仮定する[17]。東京土建国民健康保険は、後期高齢者支援金を含めた基礎賦課額と介護分保険料から成っており、基礎賦課額は階層別に設定された組合員の保険料[18]に家族分の保険料が上乗せされた金額である。

標準3人世帯の保険料は、第1種区分（個人事業所の事業主）の保険料2万6,600円に家族分が「成人以上の者で成人男性以外の方」の4,200円と「7歳以下の方」の1,800円の計3万2,600円となる。一方、介護分保険料は、40歳から64歳の組合員・家族一人当たり2,400円なので該当なしである。なお東京土建国民健康保険には低所得者の保険料の減免制度はない。

次に一人親方労災保険料をみていく。事業主は、労働者を一人でも雇っていれば労災保険に加入しなければならないのであるが一人親方は労働者ではないので自ら保険に加入しなくてはならない。

一人親方労災保険は、労働者以外でもその業務の実情、災害の発生状況から見て、労働者に準じて保護することが適当であると認められる一定の人に特別に任意加入を認める制度である。保険料は給付日額区分ごとに決まっており、給付日額1万4,000円の場合、年間保険料9万7,090円、月額8,091円である[19]。なお一人親方労災保険料に減免制度はない。

また2009年の被保険者一人あたりの国民年金保険料は月額1万4,660円で標準3人世帯の加入義務者は2人いるので、保険料は2万9,320円となる。

なお国民年金保険制度には前年所得に応じた減免制度があるが、『賃金調査』から前年所得は確定できないので減免適用はないものと仮定した。

以上の試算額の総計と生活保護基準の合計が保護基準´となる。標準3人世帯の場合、その金額は36万6,654円であり保護基準の1.6倍の水準である。**表1-3**をみると、保護基準´は世帯モデルによって倍率にばらつきがあるが保護基準のおよそ1.5～1.8倍の水準である。

表1-3　一人親方の保護基準及び保護基準´以下の一人親方割合　　　単位：%

	標準3人世帯	（イ）20代単身	（ロ）20代夫婦	（ハ）30代夫婦＋未婚子1人	（ニ）40代夫婦＋未婚子1人	（ホ）50代夫婦＋未婚子1人	（ヘ）60代夫婦	（ト）70代夫婦
①保護基準以下割合	42.4	23.6	28.6	24.5	44.4	35.3	42.4	56.6
②保護基準'以下割合	81.0	47.3	57.1	77.4	74.1	85.3	66.7	83.5
②／①	1.9	2.0	2.0	3.2	1.7	2.4	1.6	1.5

出所：全建総連東京都連合会（2009）『賃金調査』の個票データ、生活保護手帳編集委員会(2009)をもとに筆者作成。

では保護基準以下割合と比較すると、保護基準´以下割合は、どの程度増加するのであろうか。これをみたのが表1-3である。表1-3をみると、標準3人世帯の保護基準以下割合42.4%から保護基準´以下割合81.0%と1.9倍も増加し、一人親方の8割強にまで膨れ上がる。また世帯モデル別では、30代夫婦＋未婚子1人が最も増加し、3.2倍、次いで50代夫婦＋未婚子1人が2.4倍と子育て世代で増加率がとりわけ高い。また20代単身を除くすべての世帯モデルで保護基準´以下割合が5割を超えており、貧困に深く足を突っ込んだ状態にあることがわかる。

4　建設職種雇用労働者との比較

ここまで、賃金が保護基準を下回る一人親方の割合を推計し、標準3人世帯を基準とした場合、およそ4割強の一人親方の賃金が保護基準以下であることが明らかになった。この割合は、建設職種雇用労働者と比較した場合、どの程度の水準にあるといえるのだろうか。

厚生労働省『賃金構造基本統計調査』は、建設職種雇用労働者の所定内給与階級別分布を明らかにしている。これを用いて一人親方の位置を明らかにする。なお『賃金構造基本統計調査』には所定外給与、年間賞与その他特別給与を含んだ賃金の階級別分布はないので、所定内給与階級別分布を用いる。したがって、一人親方の賃金と比較する建設職種雇用労働者の賃金は所定外給与、年間賞与その他特別給与額が含まれない分だけ過少となっていることに注意が必要である。

なお**表1-4**に、建設職種雇用労働者の平均所定内給与、平均給与総額（所定内給与＋所定外給与＋［年間賞与その他特別給与額／12］）及び平均給与総額に占める所定内給与比を示しているが、それによれば、建設職種雇用労働者の平均給与総額に占める平均所定内給与額は8割から9割前後である。したがって表Ｉ-4の保護基準以下の建設職種雇用労働者割合はその分だけ過少となる可能性がある点に注意が必要である。

表1-4は、2009年における建設職種別の平均所定内給与・給与総額及び所定内給与階級別分布をみたものである。一人親方の保護基準額は、標準3人世帯で23万4,980円であったので、これを保護基準線とみると、建設職種雇用労働者の保護基準以下割合は、高い順に、はつり工65.6%、建設機械運転工51.7%、左官49.8%、型枠大工41.7%、鉄筋工41.2%、板金工及び土工41.0%、とび工37.8%、配管工37.0%、電気工35.3%、大工26.2%となる。

したがって一人親方の保護基準以下割合は、比較する建設職種雇用労働者の賃金が過少となっているものの、建設職種雇用労働者のはつり工、建設機械運転工、左官より低いが、型枠大工、鉄筋工、板金工、土工、とび工、配

表Ⅰ-4　建設職種別にみた所定内給与階級別構成及び給与総額　　単位：十人、万円

<table>
<tr><th rowspan="19">保護基準線↓</th><th></th><th colspan="2">板金工</th><th colspan="2">建設機械運転工</th><th colspan="2">電気工</th><th colspan="2">型枠大工</th><th colspan="2">とび工</th><th colspan="2">鉄筋工</th><th colspan="2">大工</th><th colspan="2">左官</th><th colspan="2">配管工</th><th colspan="2">はつり工</th><th colspan="2">土工</th></tr>
<tr><td>総数（千円）</td><td colspan="2">3,861</td><td colspan="2">4,189</td><td colspan="2">8,485</td><td colspan="2">655</td><td colspan="2">1,579</td><td colspan="2">696</td><td colspan="2">2,703</td><td colspan="2">902</td><td colspan="2">2,654</td><td colspan="2">61</td><td colspan="2">6,630</td></tr>
<tr><td>~99.9</td><td>15</td><td rowspan="8">41.0%</td><td>5</td><td rowspan="8">51.7%</td><td>71</td><td rowspan="8">35.3%</td><td>-</td><td rowspan="8">41.7%</td><td>41</td><td rowspan="8">37.8%</td><td>1</td><td rowspan="8">41.2%</td><td>28</td><td rowspan="8">26.2%</td><td>11</td><td rowspan="8">49.8%</td><td>-</td><td rowspan="8">37.0%</td><td>-</td><td rowspan="8">65.6%</td><td>-</td><td rowspan="8">41.0%</td></tr>
<tr><td>100.0~119.9</td><td>10</td><td>10</td><td>20</td><td>6</td><td>1</td><td>2</td><td>23</td><td>79</td><td>2</td><td>-</td><td>20</td></tr>
<tr><td>120.0~139.9</td><td>126</td><td>23</td><td>74</td><td>7</td><td>31</td><td>3</td><td>22</td><td>-</td><td>33</td><td>5</td><td>85</td></tr>
<tr><td>140.0~159.9</td><td>131</td><td>146</td><td>176</td><td>27</td><td>50</td><td>30</td><td>59</td><td>84</td><td>59</td><td>12</td><td>223</td></tr>
<tr><td>160.0~179.9</td><td>97</td><td>331</td><td>585</td><td>21</td><td>32</td><td>36</td><td>60</td><td>93</td><td>127</td><td>2</td><td>324</td></tr>
<tr><td>180.0~199.9</td><td>461</td><td>453</td><td>526</td><td>67</td><td>135</td><td>71</td><td>92</td><td>64</td><td>197</td><td>3</td><td>574</td></tr>
<tr><td>200.0~219.9</td><td>311</td><td>451</td><td>703</td><td>79</td><td>120</td><td>44</td><td>218</td><td>65</td><td>344</td><td>13</td><td>618</td></tr>
<tr><td>220.0~239.9</td><td>433</td><td>746</td><td>844</td><td>66</td><td>187</td><td>100</td><td>206</td><td>53</td><td>221</td><td>5</td><td>875</td></tr>
<tr><td>240.0~259.9</td><td colspan="2">318</td><td colspan="2">466</td><td colspan="2">817</td><td colspan="2">77</td><td colspan="2">130</td><td colspan="2">139</td><td colspan="2">241</td><td colspan="2">87</td><td colspan="2">339</td><td colspan="2">6</td><td colspan="2">952</td></tr>
<tr><td>260.0~279.9</td><td colspan="2">435</td><td colspan="2">333</td><td colspan="2">916</td><td colspan="2">57</td><td colspan="2">168</td><td colspan="2">126</td><td colspan="2">326</td><td colspan="2">27</td><td colspan="2">257</td><td colspan="2">2</td><td colspan="2">625</td></tr>
<tr><td>280.0~299.9</td><td colspan="2">255</td><td colspan="2">358</td><td colspan="2">606</td><td colspan="2">78</td><td colspan="2">53</td><td colspan="2">59</td><td colspan="2">128</td><td colspan="2">62</td><td colspan="2">241</td><td colspan="2">4</td><td colspan="2">501</td></tr>
<tr><td>300.0~319.9</td><td colspan="2">362</td><td colspan="2">317</td><td colspan="2">553</td><td colspan="2">22</td><td colspan="2">105</td><td colspan="2">53</td><td colspan="2">307</td><td colspan="2">84</td><td colspan="2">177</td><td colspan="2">2</td><td colspan="2">475</td></tr>
<tr><td>320.0~339.9</td><td colspan="2">269</td><td colspan="2">194</td><td colspan="2">547</td><td colspan="2">19</td><td colspan="2">85</td><td colspan="2">17</td><td colspan="2">134</td><td colspan="2">63</td><td colspan="2">157</td><td colspan="2">1</td><td colspan="2">287</td></tr>
<tr><td>340.0~359.9</td><td colspan="2">156</td><td colspan="2">91</td><td colspan="2">460</td><td colspan="2">36</td><td colspan="2">144</td><td colspan="2">2</td><td colspan="2">153</td><td colspan="2">57</td><td colspan="2">137</td><td colspan="2">1</td><td colspan="2">212</td></tr>
<tr><td>360.0~379.9</td><td colspan="2">131</td><td colspan="2">122</td><td colspan="2">238</td><td colspan="2">26</td><td colspan="2">82</td><td colspan="2">1</td><td colspan="2">167</td><td colspan="2">44</td><td colspan="2">115</td><td colspan="2">1</td><td colspan="2">122</td></tr>
<tr><td>380.0~399.9</td><td colspan="2">49</td><td colspan="2">49</td><td colspan="2">241</td><td colspan="2">5</td><td colspan="2">38</td><td colspan="2">15</td><td colspan="2">78</td><td colspan="2">2</td><td colspan="2">95</td><td colspan="2">1</td><td colspan="2">165</td></tr>
<tr><td>400.0~</td><td colspan="2">272</td><td colspan="2">95</td><td colspan="2">1,109</td><td colspan="2">60</td><td colspan="2">180</td><td colspan="2">0</td><td colspan="2">462</td><td colspan="2">27</td><td colspan="2">154</td><td colspan="2">1</td><td colspan="2">572</td></tr>
<tr><td colspan="2">①平均所定内給与（万円）</td><td colspan="2">26.6</td><td colspan="2">25.0</td><td colspan="2">28.8</td><td colspan="2">27.4</td><td colspan="2">28.1</td><td colspan="2">24.5</td><td colspan="2">30.2</td><td colspan="2">24.1</td><td colspan="2">27.1</td><td colspan="2">22.1</td><td colspan="2">26.8</td></tr>
<tr><td colspan="2">②平均給与総額（万円）</td><td colspan="2">33.9</td><td colspan="2">30.6</td><td colspan="2">38.1</td><td colspan="2">29.8</td><td colspan="2">31.9</td><td colspan="2">26.6</td><td colspan="2">32.1</td><td colspan="2">25.1</td><td colspan="2">32.2</td><td colspan="2">27.1</td><td colspan="2">29.5</td></tr>
<tr><td colspan="2">①／②</td><td colspan="2">0.8</td><td colspan="2">0.8</td><td colspan="2">0.8</td><td colspan="2">0.9</td><td colspan="2">0.9</td><td colspan="2">0.9</td><td colspan="2">0.9</td><td colspan="2">1.0</td><td colspan="2">0.8</td><td colspan="2">0.8</td><td colspan="2">0.9</td></tr>
</table>

注1）データは2009年、全国平均、企業規模10人以上、男の値。平均給与総額は、決まって支給する現金給与額＋（年間賞与その他特別給与額／12）で算出。
注2）保護基準線は、表2で算出した2009年の標準3人世帯の保護基準額である。
出所：厚生労働省（2009）『賃金構造基本統計調査』をもとに筆者作成。

管工、電気工、大工よりは高い水準にあるといえる。つまり一人親方の保護基準以下割合は、建設職種雇用労働者よりも低いとは言えず職種によっては建設職種雇用労働者より高いのである。

つまり一人親方の働く貧困化が進展する中で、一人親方の賃金水準は建設職種雇用労働者の水準に接近しているのである。

5　小括

本章では、賃金が保護基準を下回る一人親方の推計を行ってきた。本研究で明らかにされた論点は下記の通りである。第一に、保護基準以下の一人親方割合は、標準3人世帯で42.4%、住宅扶助を除いても25.4%と達していること、第二に、世帯モデル別では、高齢世帯モデルと就学児童のいる世帯モデルで保護基準以下割合が高いこと、第三に、賃金が実際の生活保護費を下回らないために必要となる保護基準´　をものさしに用いた場合、保護基準よりも保護基準以下割合は増加し、その増加幅は標準3人世帯で1.9倍にも及ぶこと、第四に、このように低賃金の一人親方が増大する中で、一人親方の賃金水準が建設職種雇用労働者の水準に接近していること、である。

このように、近年、賃金あるいは報酬の最低限が定められていないもとで、企業による低賃金の一人親方活用が進展し、保護基準を下回る一人親方が42.4%、保護決定後支給保護費及び税・社会保険料を加味した保護基準を下回る一人親方が81.0%にも上っており、こうした保護基準以下の一人親方は不安定就業としての一人親方と規定できるのである。

【注】

1　日経BP社(2013)を参照。
2　建設政策研究所(2010)、18頁は、一人親方の年間所得を調査している。それによると、年収400万円未満の一人親方は67.1%にも上り、300万円未満で39.1%、200万円未満でみても14.0%も存在していることが明らかにされている。
3　例えば、建設政策研究所(2008b)は、不動産建売会社における手間請一人親方の事例分析から不動産建売会社が一人親方を低賃金で活用している様が明らかにされている。また広く個人請負型就業者についてみても周(2005)、9-10頁は、個人請負活用企業を対象に行ったアンケート調査の分析から、企業が個人請負業者を活用する理由は、人材活用(81.5%)が最も多く、これに生産変動への対応(58.3%)、コスト削減(43.5%)と続いていることを指摘している。
4　木下(1991)、5頁を参照。
5　木下、前掲書、4-5頁を引用。

6 木下、前掲書、5-6 頁を引用。
7 建設政策研究所 (2008a)、14-18 頁を参照。
8 なお保護基準は、2013 年 8 月より第 69 次改定保護基準額に改定されたので、本研究の推計する保護基準ひいては保護基準以下の一人親方割合にも影響が出ないか試算したところ、20 代夫婦で 28.6%から 21.4%、40 代夫婦+未婚子 1 人で 44.4%から 31.5%への減少が確認できたが、他の六つの世帯モデルでは値の変化は見られなかった。
9 生活保護手帳編集委員会 (2009)、283-285 頁及び生活保護制度研究会 (2009)、54-55 頁を参照。
10 生活保護制度研究会、前掲書、45 頁を参照。
11 生活保護手帳編集委員会 (2009)、254 頁を参照。
12 東京都でも 1 級地 -1 以外にランクされている市町村があり、その市町村の人口は 2009 年で 43 万 1,994 人で東京都の人口の 3.5%を占めている。資料上の制約から級地ごとの住宅扶助の算定は困難であり 1 級地 -1 で統一するが、人口分布からみても問題ないと考える。なお 1 級地 -1 以外の市町村は青梅市、武蔵村山市、羽村市、あきる野市、瑞穂町、日の出町、檜原町、奥多摩町、大島町、利島村、新島村、神津島村、三宅村、御蔵島村、八丈町、青ヶ島村、小笠原町である。
13 国土交通省『建設投資推計』によれば、全国建設投資額は 2012 年 (見込み) が 44.9 兆円と 1990 年の 81.4 兆円対比 45%の減少となっている。バブル崩壊から現在までで建設市場の規模はほぼ半減しているのである。
14 全建総連東京都連合会・建設政策研究所 (2009)、112 頁を参照。
15 本研究では、一人親方が加入する社会保険として国民健康保険、一人親方労災保険、国民年金を想定している。特に国民健康保険は、労働者が加入する労使折半の健康保険と比べて使用者負担がない分一人親方の負担が重い。
16 博士論文を執筆後、博士論文を読んでいただいた NPO 法人かながわ総研の岡本一氏より、基礎控除の算定方法に誤りがあることを指摘され、確認したところ、算出方法に誤りが確認できた (修正前は基礎控除× 0.3 で算定) ので、本研究では指摘に基づき、修正した。誤りを指摘して下さった岡本氏には、この場を借りてお礼申し上げる。
17 『賃金調査』に回答した一人親方の 9 割は東京土建一般労働組合の組合員であり、同労組は、国民健康保険法に基づき東京都知事の認可を受け東京土建国民健康保険組合を運営しており、東京土建国民健康保険組合 (2013) によれば 2012 年の東京土建一般労働組合員数 11.5 万人のうち東京土建国民健康保険加入者は 8.8 万人と組合員比 8 割弱にも上っている。以上のことから一人親方は東京土建国民健康保険組合に加入しているものと仮定する。
18 東京土建国民健康保険料は、従業上の地位と所得によって八つの階層に区分されている (東京土建一般労働組合 (2013)、6 頁を参照)。
19 厚生労働省 (2013)、7 頁を参照。

第2章　建設産業における低所得一人親方世帯の家族賃金の機能

1　問題設定

1章では賃金ベースで見た場合の生活保護基準を下回る一人親方の量的把握を行い、保護基準を下回る一人親方が42.4%に上っていることを明らかにした。しかし一人親方の賃金水準が生活保護基準を下回るほど低くても家族の収入が十分にあれば、結果として保護基準以上の収入を得るということも可能であろう。

したがって2章の目的は低所得の一人親方世帯における家族賃金の低所得世帯脱出効果を明らかにすることである。本章の構成は以下の通りである。

第一に、保護基準以下の一人親方世帯の量的把握を行い、一人親方世帯の所得水準の低さを実証すること、第二に、賃金ベースと世帯所得ベースの保護基準以下割合の比較を通じて、家族就業によって保護基準以下の一人親方世帯のどの程度が保護基準以上の世帯所得を得られているのかを明らかにすること、第三に、一人親方世帯における家族就業による生活防衛的営みの弱さを明らかにすること、の3点である。

なお一人親方世帯の所得水準の分析を行った先行研究はない。その理由としては、そもそも一人親方世帯の所得水準を調査した研究・資料がないことが考えられる。しかしながら筆者は一人親方世帯の所得水準を調査した『生活実態調査』の個票データの入手に成功した。

それ故に、同一次資料を用いて、一人親方世帯の所得水準および家族就業による生活防衛的営みの実態は明らかにすることが可能となっており、先行研究の空白を埋めるという点においても本研究の意義は極めて大きい[1]。

『生活実態調査』に関しては序章で述べたとおりである。また資料上の制約は以下の通りである。第一の制約は、調査対象が埼玉という特定の地域に限定されていることである。したがって、本研究の対象が都市部で就業する一人親方に限定されているとの批判は免れない。第二の制約は、一人親方を除く世帯構成員の年齢を確定できないことである。保護基準のうち生活扶助第Ⅰ類、教育扶助、児童養育加算等は、世帯構成員の年齢によって金額が異なるので、この資料上の制約は大きい。

以上の二つの資料上の制約を踏まえ、一人親方の保護基準の推計に当たっては、以下の二つの仮定を設ける。仮定は、第一に、埼玉県に在住する一人親方に限定して保護基準の推計を行うこと、第二に、標準3人世帯モデルと7つの世帯モデルを設定しその場合の保護基準の推計に限定すること、の二つである。

2　生活保護基準以下の一人親方世帯割合の推計

保護基準の推計に入ろう。ところで、保護基準額の計算は極めて複雑である。それ故に、以下では保護基準額の推計を、①生活保護費が支給される条件、②世帯モデルの設定、③保護基準以下の一人親方世帯割合の推計に分けて作業を進める。

(1) 保護費が支給される条件

生活保護が必要か否か、そしてどの程度必要かの要否判定は、次の三つの過程を含むこととなる。第一に、受給申請者の最低生活費が認定される過程、第二に、受給申請者の収入が認定される過程、第三に、最低生活費と収入の認定額を比較し、収入の認定額が不足している場合、その不足する程度において保護が決定される過程、の三つである。

最低生活費は、厚生労働大臣の定める基準によって決まり、8種の扶助基準に児童養育加算、障害者加算等の各種加算の合計額として算出される。認定収入は、各控除額を収入から除いた金額となる。各控除額とは自営業者の場合、勤労控除のうち基礎控除の７割と事業上の必要経費である[2]。勤労控除とは「就労のための需要などを考慮して稼動収入の多寡によって一定額を収入から差引く」ものを指す[3]。このうち基礎控除とは毎月の収入から控除されるものを指す。また必要経費とは、「その事業に必要な経費として店舗の家賃、地代、機械器具の修理費、店舗の修理費、原材料費、仕入代、交通費、運搬費等の諸経費についてその実際必要額を認定すること」と定義される[4]。したがって保護費が支給されるのは、下記のような場合である。

最低生活費＝生活扶助＋住宅扶助＋教育扶助＋介護扶助＋医療扶助＋出産扶助＋生業扶助＋葬祭扶助＋各種加算、認定収入
＝世帯所得－（基礎控除× 0.7）－必要経費

のとき、認定収入＜最低生活費がその条件となる。

(2)　世帯モデルの設定

次に世帯モデルの設定を行う。『生活実態調査』は一人親方の年齢は確定できるが、他の世帯構成員の年齢は確定できない。それ故に、このままでは保護基準の推計が出来ない。そこで、本研究では二つの方法によって一人親方世帯の保護基準の推計を行う。一つ目は、いわゆる標準３人世帯モデル（33 歳、29 歳、4 歳）の保護基準を平均的な一人親方の保護基準と仮定し、推計を行う方法である。二つ目は、7 つの世帯モデルを設定し世帯モデル毎の保護基準の推計を行う方法である。

二つ目の方法で設定する世帯モデルは、（イ）20 代単身（26 歳）、（ロ）20 代夫婦（26 歳、24 歳）、（ハ）30 代夫婦＋未婚子１人（35 歳、33 歳、3 歳）、（ニ）40 代夫婦＋未婚子１人（44 歳、42 歳、12 歳）、（ホ）50 代夫婦＋未婚子１人（55 歳、53 歳、

23歳)、(へ)60代夫婦(64歳、62歳)、(ト)70代夫婦(73歳、71歳)の7つである。

(3) 保護基準以下の一人親方世帯割合

保護基準以下の一人親方世帯割合の推計に入る。**表2-1**は一人親方の世帯モデル別にみた保護基準を推計したもので、標準3人世帯モデルを例にとって保護基準の算出をみていこう。さいたま市のような大都会は、「1級地-1」とランクされ、基準額は最も高くなる。

表2-1 一人親方の世帯モデル別にみた保護基準の推計 単位:円

	標準3人世帯	(イ)20代単身	(ロ)20代夫婦	(ハ)30代夫婦+未婚子1人	(ニ)40代夫婦+未婚子1人	(ホ)50代夫婦+未婚子1人	(へ)60代夫婦	(ト)70代夫婦
想定年齢	33歳 29歳 4歳	26歳	26歳 24歳	35歳 33歳 3歳	44歳 42歳 12歳	55歳 53歳 23歳	64歳 62歳	73歳 71歳
①生活扶助I類	106,890	40,270	80,540	106,890	118,440	116,630	72,200	64,680
②生活扶助II類	53,290	43,430	48,070	53,290	53,290	53,290	48,070	48,070
③児童養育加算	5,000	0	0	5,000	0	0	0	0
④教育扶助	0	0	0	0	2,150	0	0	0
⑤住宅扶助特別基準	62,000	47,700	62,000	62,000	62,000	62,000	62,000	62,000
保護基準①+②+③+④+⑤	227,180	131,400	190,610	227,180	235,880	231,920	182,270	174,750

出所:埼玉土建一般労働組合(2011)『生活実態調査』の個票データ、生活保護手帳編集委員会(2009)をもとに筆者作成。

生活扶助第I類は、33歳4万270円、29歳4万270円、4歳2万6,350円の計10万6,890円である。生活扶助第II類は、世帯人員3人なので5万3,290円である。また児童養育加算が5千円となる。その他、必要に応じて住宅扶助が支給される。

一般基準は、月額1万3,000円であるが足りない場合に特別基準が定められている。埼玉県の場合、特別基準は単身者４万7,700円、２人以上世帯６万2,000円まで認められているのでこの特別基準を用いる。以上のことから、標準３人世帯の保護基準は、22万7,180円となる。

図2-1は、上述した保護基準以下の一人親方世帯割合を一人親方の個人賃金ベースと一人親方世帯所得ベースでみたものである。図2-1を見ると、賃金ベースの保護基準以下割合は、標準３人世帯で43.1％にも上っていることがわかる。また世帯所得ベースの保護基準以下割合は32.4％で家族賃金を含めてなお三世帯に一世帯が保護基準以下である。

このように保護基準以下の一人親方世帯は巨大な量に達しているのである。一方で図2-1から世帯モデル別の保護基準以下割合をみると、世帯モデルによって保護基準以下の一人親方世帯割合に差があり、年を重ねるごとにその割合が高くなっていることがわかる。

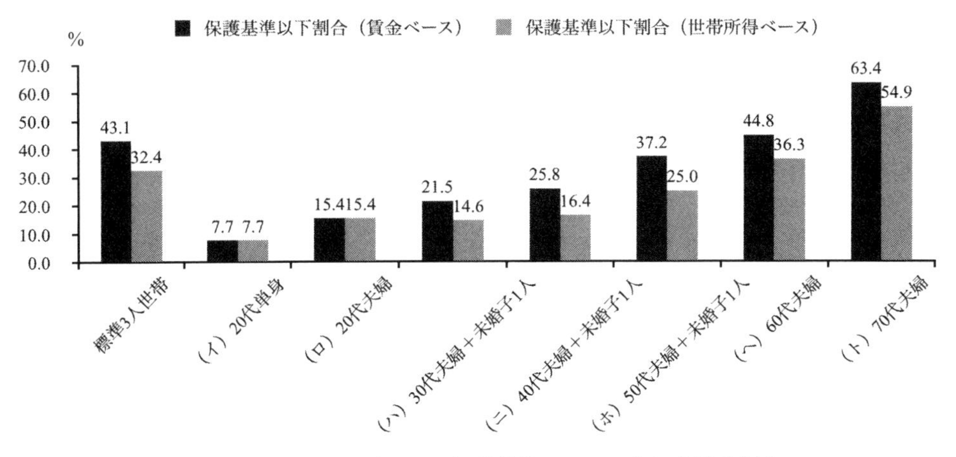

図2-1　世帯モデル別にみた保護基準以下の一人親方世帯割合

注）保護基準額以下割合は、世帯モデル別の一人親方数に占める「保護基準＜一人親方の賃金／世帯所得」の割合。一人親方の賃金＝月収（経費を除いた金額）－基礎控除×0.7で算出。一人親方世帯の所得＝月収＋家族賃金－基礎控除×0.7で算出。
出所：埼玉土建一般労働組合（2011）『生活実態調査』の個票データ、生活保護手帳編集委員会（2009）をもとに筆者作成。

さらに図 2-1 より保護基準以下割合が一人親方の個人賃金ベース時から世帯所得ベース時にどの程度減少しているのかをみると、標準 3 人世帯モデルでは、43.1％から 32.4％の 2 割強の減少である。世帯モデル別では、(イ) 20 代単身、(ロ) 20 代夫婦が変化なし、(ハ) 30 代夫婦＋未婚子 1 人が 32.1％減、(ニ) 40 代夫婦＋未婚子 1 人が 36.6％減、(ホ) 50 代夫婦＋未婚子 1 人が 32.8％減、(へ) 60 代夫婦が 19.0％減、(ト) 70 代夫婦が 13.5％減となっており、30 代〜 50 代の子あり世帯で減少幅が比較的大きい。

一方の高齢世帯モデルでは家族賃金を含めてもその世帯所得では 60 代夫婦の 36.3％、70 代夫婦の 54.9％が保護基準以下と家族就業による生活防衛的機能が弱くなっている。なお 7 世帯モデルの賃金ベース時から世帯所得ベース時の保護基準以下割合の平均減少率は 19.1％であった。

したがって、一人親方の個人賃金が保護基準以下である世帯の 2 割弱が家族就業によって保護基準以上の収入を確保しているといえる。それ故に、低所得の一人親方世帯においてその影響は弱いながらも家族就業が生活防衛的な力を一定程度発揮しているといえよう。

3　一人親方世帯における家族就業による生活防衛機能の弱さの要因

前節では、家族就業による生計費補填が低所得の一人親方世帯において一定程度の生活防衛的な力を発揮していること、しかしながらその力は決して強いものとは言えないことを指摘した。本節では、この家族就業による生活防衛的機能の弱さの要因を家族就業率の低さおよび妻の収入が低く抑えられていることに求め考察する。

(1)　家族就業率の低さ

図 2-2 をみてほしい。図 2-2 は世帯モデル別にみた一人親方世帯の家族就業率である。図 2-2 をみると、一人親方世帯の家族就業率は標準 3 人世帯モ

デルで31.0％となっており、7世帯モデル平均が23.7％である。

このように一人親方世帯ではそもそも家族就業の割合が極めて低い。この家族就業率の低さは建設産業に共通する傾向のようである。すなわち『生活実態調査』より就業形態別の家族就業率を示せば、経営者・企業役員34.4％、雇有業主24.6％、一人親方31.0％、労働者26.6％、その他29.5％、就業形態計28.8％と就業形態を問わず、家族就業率は三割前後に過ぎない。

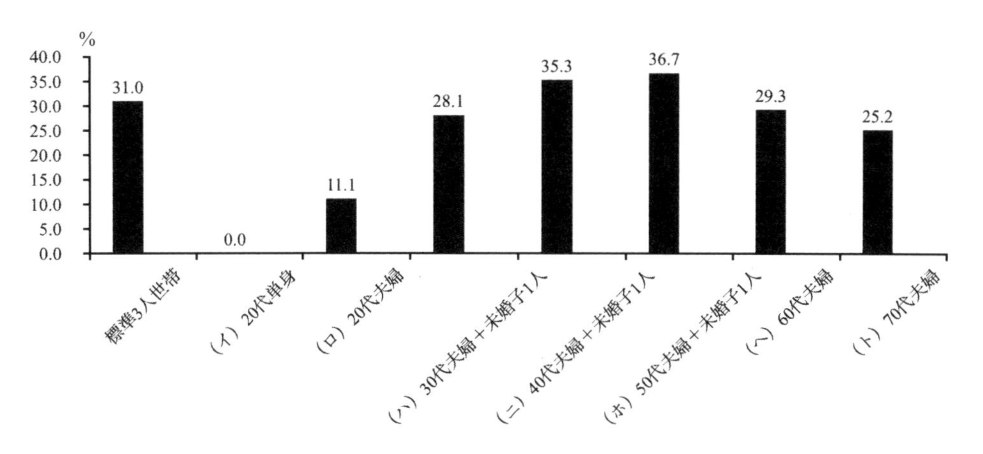

図2-2　一人親方の世帯モデル別にみた一人親方世帯の家族就業率
出所：埼玉土建一般労働組合（2011）『生活実態調査』の個票データをもとに筆者作成。

一方で全産業に目を移してみよう。**表2-2**は、総務省（2012）『労働力調査基本集計』をもとにして全産業における夫の就業形態別にみた妻の就業状態をみたものである。表2-2をみると、夫が自営業の夫婦286万世帯のうち妻が就業している世帯が202万世帯であり共働き世帯の割合は70.6％にも上る。先にみた一人親方世帯の家族就業率は、妻以外の家族も含めた値であったことを踏まえれば、一人親方世帯の家族就業率が全産業平均と比較してもとりわけ低いことが見て取れる。

表2-2　全産業における夫の就業形態別にみた妻の就業状態　　単位：万人、％

	妻の就業状況								共働き世帯②／①	夫のみ就業③＋④／①
	総数①	就業者					完全失業者③	非労働力人口④		
		就業者計②	自営業者	家族従業者	雇用者	NA				
総数(夫)	2,944	14,44 [100.0]	71 [4.9]	106 [7.3]	1,262 [87.4]	5 [0.3]	40	1,460	49.0	51.0
雇用者(夫)	1,903	1,107 [100.0]	43 [3.9]	7 [0.6]	1,054 [95.2]	3 [0.3]	31	765	58.2	41.8
自営業者(夫)	286	202 [100.0]	13 [6.4]	94 [46.5]	94 [46.5]	1 [0.5]	2	82	70.6	29.4

出所：総務省（2012）『労働力調査』をもとに筆者作成。

また表2-2から全産業における夫が就業形態計および雇用者の共働き世帯割合をみても、就業形態計49.0％、雇用者58.2％であり、これと比較しても一人親方世帯における家族就業率は低いのである。

ただし、『生活実態調査』は全国の建設職人世帯を対象とした調査ではなく埼玉県という特定の地域の建設職人世帯を対象とした調査なので、全国の一人親方世帯の共働き世帯比率を調査した場合に、異なる傾向がでる可能性もある。

しかし、この点に関しては『労働力調査』の公表データには産業別の共働き世帯数がないので、『労働力調査』より建設自営業者の共働き世帯割合を明らかにすることはできない。それ故に、『生活実態調査』における一人親方世帯の共働き比率がどの程度実態を反映しているのか検証することは出来ない。

こうした資料上の制約はあるが、少なくとも『生活実態調査』によれば、埼玉の一人親方世帯の家族就業率は低いのである。

(2) 妻の収入の低さ

一人親方世帯において主要な稼動家族は妻である。**図2-3**は、一人親方の世帯モデル別家族就業者に占める妻の割合である。図2-3からも明らかなように70代夫婦モデルを除けば、一人親方世帯における家族就業者の8割以上

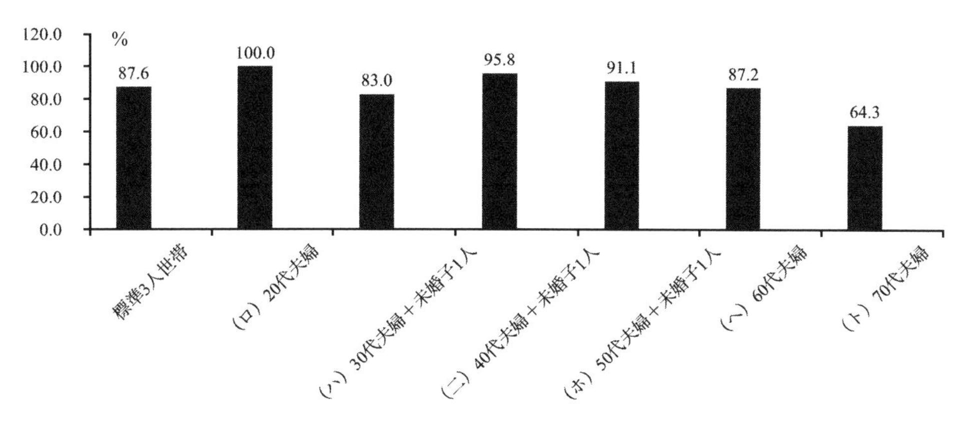

図2-3　一人親方の世帯モデル別家族就業者に占める妻の割合
出所：埼玉土建一般労働組合（2011）『生活実態調査』の個票データをもとに筆者作成。

が妻である。したがって妻の収入の過多がダイレクトに家族就業による生活防衛的機能の強弱を規定すると考えられるのである。

では妻の収入はどのようになっているのだろうか。**図 2-4** は、一人親方世帯における妻の就業形態別構成をみたものである。図 2-4 をみると、妻の就業形態で最も多いのがパート 58.7％である。これに正社員 17.8％、家族専従者 10.7％、その他 5.2％、アルバイト 4.9％、派遣 2.7％と続く。つまり一人親方世帯における妻の就業形態はパートが過半数を占めており、これはさきに表 2-2 で検討した全産業における夫が自営業の場合の妻の就業形態別構成と異なっている。

すなわち表 2-2 から夫が自営業の妻の就業形態をみると、自営業主 13 万人の 6.4％、家族従業者 94 万人の 46.5％、雇用者 94 万人の 46.5％となっている。パート、正社員、派遣、アルバイトを雇用者と捉えれば、一人親方世帯において妻が雇用者の割合は 84.1％、家族就業者が 10.7％なので、全産業の妻よりも雇用者の割合が高く、かつ家族従業者の割合が低いのである。

妻の就業形態にパートが多いので、妻の収入も低く抑えられている。**図 2-5** は、一人親方世帯における妻の就業形態別月収をみたものである。図 2-5 を

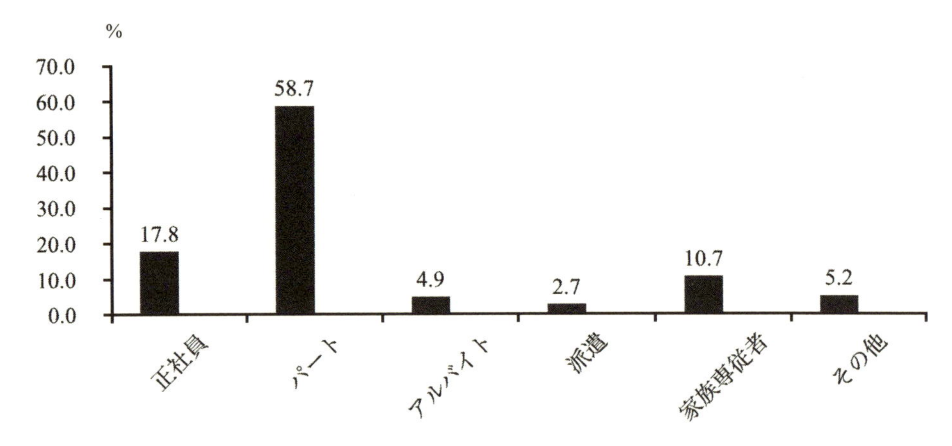

図2-4　一人親方世帯における妻の就業形態別構成

出所：埼玉土建一般労働組合（2011）『生活実態調査』の個票データをもとに筆者作成。

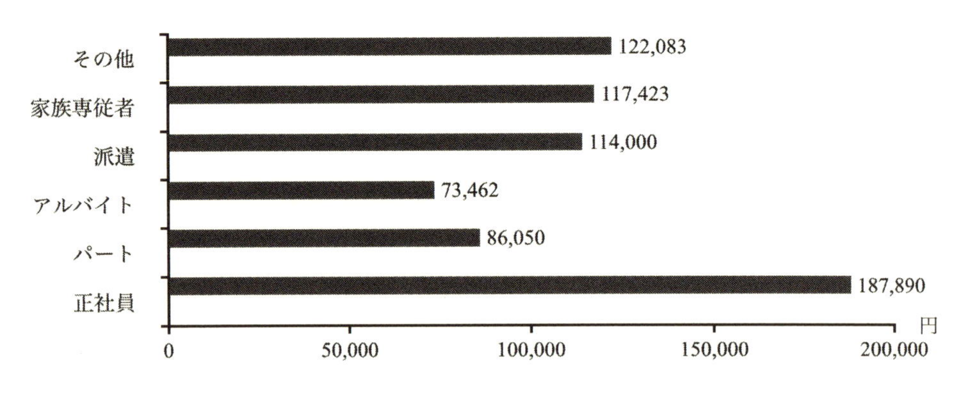

図2-5　一人親方世帯における妻の就業形態別月収

出所：埼玉土建一般労働組合（2011）『生活実態調査』の個票データをもとに筆者作成。

みると、妻の就業形態別月収は、正社員 18 万 7,890 円、パート 8 万 6,050 円、アルバイト 7 万 3,462 円、派遣 11 万 4,000 円、家族専従者 11 万 7,423 円、その他 12 万 2,083 円である。

妻の就業形態の過半数を占めるパート収入が低く抑えられていれば、家族就業の 8 割以上を妻が占めているのだから家族就業による生活防衛的機能は弱くなるのである。

4　小括

2 章では、保護基準以下の一人親方世帯の量的把握を行い、また一人親方世帯における家族就業による生活防衛的営みの弱さを明らかにしてきた。2 章で明らかにされた論点は下記の通りである。

第一に、保護基準以下の一人親方世帯割合は、標準 3 人世帯で 43.1%、家族賃金を含めた世帯所得ベースで見ても 32.4%に達していること、第二に、保護基準以下の一人親方世帯の 8 割は、家族就業による収入補填を行ってもなお保護基準以下の収入しか得られていないこと、第三に、一人親方世帯において家族就業による生活費補填機能が弱い要因は、一人親方世帯の家族就業率が 31.0%と他の産業に比べて極めて低いことおよび一人親方世帯の家族就業の 8 割以上を占める妻の就業形態がパートなので、それ故に収入も低く生活費補填機能も弱いこと、の三つである。

以上の明らかになった点を踏まえれば、低所得の一人親方世帯における家族就業の生活防衛的機能は総じて弱いと考えられ、したがって一人親方がひとたび低賃金に陥れば、それがそのまま低所得世帯の形成要因となると考えられるのである。

【注】

1　建設政策研究所（2011a）は建設労働者世帯の家計調査を行っているが就業形態別の分析がないので、一人親方世帯の所得水準や家族就業による生活防衛的営みの実態は明らかにされていない。
2　生活保護手帳編集委員会、前掲書、283-285 頁、生活保護制度研究会、前掲書、54-55 頁を参照。
3　生活保護制度研究会、前掲書、45 頁を参照。
4　生活保護手帳編集委員会（2009）、254 頁を参照。

第3章　建設産業の下請再編下における一人親方の就業の不規則不安定性

1　問題設定

「1月が15日、2、3月が10日、4月から6月は全く仕事がなかった。やっぱりね、ない(仕事が)のが一番辛いよ。食えなくなるわけだからさ」[1]。これはある内装工で働く一人親方の就業の一断面である。

従来の一人親方とは材料、工具を持って自ら工事を請ける材工共元請が一般的であった[2]。しかし、今日では大手建設資本の市場参入等を通じて、元請負としての一人親方は部分化し、一人親方の多くは企業の下請として従事している。

3章の目的は、第一に、こうした一人親方の下請化の背景を明らかにすると同時に、下請化を通じて、一人親方が企業の使いたいときに使いたいだけ使える生産調整としての労働力と化していることを明らかにすることである。また第二に、こうした性格を持つが故に、下請の一人親方の就業は不規則不安定化し、このことによって、低賃金の一人親方が生み出されていることを明らかにすることにある。

先行研究では、一人親方の下請化について以下のような指摘がなされてきた。道又・木村(1971)は1960年代に戸建住宅生産の領域(いわゆる町場)で電動工具の導入、新建材の普及等の技術革新が進んだことを明らかにし[3]、椎名(1983a)は住宅各部の部品化＝工場生産化が進み、手工的熟練技術に裏付けられた建設職人、とりわけ大工の「自立性」が弱められたことを指摘した[4]。椎名(1983a)によれば、こうした町場における技術革新は手工的熟練に裏付けられ施主から直接工事を請ける立場にあった一人親方を1960年代半ば以降戸建住宅市場に参入してきた大手建設資本の下請へと再編・淘汰し、一人親方の下請化を推し進めたという。

一方でダム建設等の大規模工事現場（いわゆる野丁場）における一人親方の下請化は主としてコスト削減を目的とした外注化によって進展した。日本人文科学会（1958）は野丁場における機械・設備の導入、コンベアーシステムによる流れ作業生産方式等の近代技術の導入が進み、その結果、技能の標準化、生産の大規模化が進んだことを指摘した。

高梨ら（1978）によれば、このような技術革新を背景とした生産の大規模化によって元請企業は必要な時に必要な技能を持つ労働者を提供できる世話役・親方層を必要とし、この時代には元請を軸とする技術革新が二次以下の下請化を促し、その系列化が進むと同時に世話役・親方層の機能が不熟練労働力の募集・統括を強めたと指摘している。

その後、1970年代以降には元請のコストダウンと下請の責任施工体制により世話役・親方層の労務下請化が進むことになる。すなわち椎名（1998）によれば、1970年代以降、世話役・親方層は、元請のコストダウンと下請の責任施工体制により、工事単価の低下や諸労務経費負担の増大が進み、配下の労働者を掌握することはかつてなく困難になってきたことを指摘しており[5]、その結果、世話役・親方層が職人を手放し労務下請化する状況が生まれたのである。

加えて佐崎（1998）、吉村（2001）によれば、1970年代に躯体職種において、それまで直用して使用していた世話役やその配下作業員の外注化が、税負担や福利費負担軽減を目的に進んだことが指摘された[6]。

以上のような一人親方の下請化が企業によって意図的に行われたという観点から椎名（1983a）あるいは建設政策研究所（2010）は一人親方の「事実上の労働者」化を指摘したのである。また吉村（2001）も建設省の『建設業構造基本調査』（現在は国土交通省『建設業構造実態調査』。）と各種先行研究の知見を駆使して、1970年代から90年代にかけての一人親方の下請化の特徴として「かつてより労務下請の色彩が強まっているとみて、言いかえれば、使用人に類似する就業が増えているとみて、ほぼ間違いはなかろう」[7]と指摘している。

ここで吉村のいう労務下請の色彩が強まるとは、労務下請、言い換えれば手間請一人親方の増大を指しており、吉村は、この手間請の増大をもって、使用人に類似する一人親方の増大を指摘しているのである[8]。

また建設政策研究所(2010)は重層下請の末端で一人親方が就業し、そのことによって一人親方の就業が不規則不安定なものとなっていると指摘している。

以上のように、一人親方は下請化を通じて、就業が不規則不安定になっていることは先行研究によって指摘されてきたが、具体的にどのような場合に一人親方の就業が不規則不安定といえるのかは明らかにされていない。つまり、一人親方が重層下請の末端で就業するので就業が不規則不安定なのか、それとも下請であることそのものが就業の不規則不安定性の条件であるのか等、については明らかにされていない。この点を明らかにするのが本章の課題である。

2　一人親方の下請化

序章1節でも述べたように、従来の一人親方とは、町場で就業する材料持元請の一人親方を指していた。材料持元請の一人親方は工事の完成に対して報酬が支払われることから民法632条の定める請負契約に相当すると考えられる[9]。

一方で先行研究では企業が社会保険料負担の回避等を目的に一人親方の外注・下請化を進めてきたことが指摘されてきた[10]。本節ではこの一人親方の下請化を量的に把握する

ところで一人親方の下請比率を既存統計より把握することは資料上の制約から極めて困難である。例えば建設省は1975年以降、3年ごとに建設業の構造分析を行い『建設業の構造分析』(現国土交通省『建設業構造実態調査』に相当)を発表している。そして第3回調査(1981年)以降は、個人企業の下請比率を明らかにしている。

したがって個人企業の下請比率より一人親方のおおよその下請比率を把握できるようにもみえるが、個人企業には、人を雇っている自営業主も含まれていると考えられるので、個人企業の下請比率が一人親方の下請比率と同様であるとは必ずしもいえないのである。

第二の理由は、個人企業に下請一人親方の一部がカウントされていないことである。**表 3-1** は労働者の賃金支払方法別にみた建設業許可企業数割合である。表 3-1 より企業は、常雇の職長の 1.9% に賃金を「出来高」で支払っており、同様に常雇の労働者の 2.3%、臨時・日雇労働者の 5.5% に賃金を「出来高」で支払っていることがわかる。この「出来高」で賃金が支払われている労働者は労働基準法上の労働者に該当しない。

表3-1　労働者の賃金支払方法別にみた建設業許可企業数割合　　単位：%

	一定額	一定日数以上休んだとき減額	休んだ日数分減額	日給月給	一定額＋出来高	出来高
常雇の職長	59.5	6.4	5.6	22.3	2.9	1.9
常雇の労働者	36.1	7.9	7.0	39.0	3.2	2.3
臨時・日雇労働者	12.2	3.9	3.5	56.4	5.5	5.5
就業形態平均	35.9	6.1	5.4	39.2	3.9	3.2

出所：国土交通省（2011）『建設業構造実態調査』より筆者作成。

なぜなら同法第 27 条が「出来高払制その他の請負制で使用する労働者については、使用者は、労働時間に応じ一定額の賃金の保障をしなければならない」と規定しており、賃金支払方法が表 2 の左から「一定額＋出来高」までは労働者といえるが「出来高」の場合、労働者というよりも手間請と解する方が適当と考えられるからだ。

つまり労働者のうち 3.2%は手間請と考えられるが、これは個人企業にカウントされていないのである。このように既存統計より一人親の下請比率を把握することは極めて困難である。

一方で一人親方を対象とした調査で下請比率を把握できるのが『賃金調査』である。**図 3-1** は『賃金調査』をもとに 2000 年代の東京における一人親方の請負形態別構成の推移をみたものである。図3-1より材料持ちの下請、手間請を下請の一人親方とすれば、一人親方の下請比率は、2001年で70.8%にものぼり2011年には82.3%にまで増加している。このうち労働者的側面が強い手間請は、2001年の47.7%から2011年の57.0%への増加となっているのである。

なお2012年以降の手間請比率が、2012年35.0%、2013年31.7%、2014年30.5%と2011年以前と比較して顕著に減少しているが、これは調査票の設計の変更が影響していると考えられる。

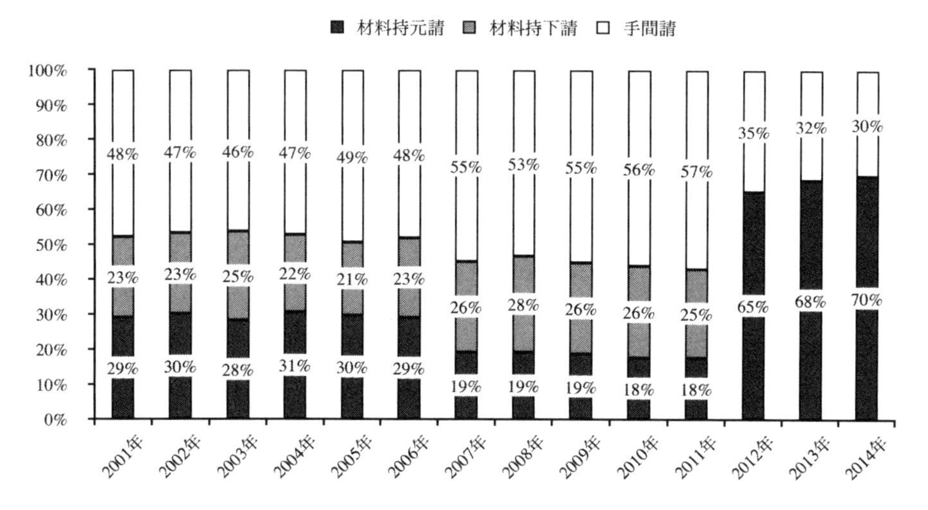

図3-1　東京における一人親方の請負形態別構成の推移　　単位：%

注）2012年調査より働き方区分が変更され、「材料持ちの元請」、「材料持ちの下請」が「一人親方（材料持ち）」になった。
出所：全国建設労働組合総連合東京都連合会『賃金調査』の個票データより筆者作成。

つまり、2011年調査までは、「常用」、「手間請」、「常用・手間請の両方」、「材料持ちの元請」、「材料持ちの下請」、「その他」の中から働き方を選択する方式であったが、2012年以降は、「常用」、「手間請の職人」、「常用・手間請の両方」、「一人親方（材料持ち）」の中から働き方を選択する方法に変わったのであるが、区分が「手間請」から「手間請の職人」に変わったことで、職人が何を意味するのかわからず、「一人親方（材料持ち）」と回答した人や、2011年調査まで「一人親方（材料持ち)」という区分がなかったので手間請の回答者が「材料持ち」というフレーズを見落として「一人親方(材料持ち)」と回答した可能性も考えられるのである。

ただし少なくとも2001年から2011年の東京に在住する一人親方のうち材料持ち元請として就業する一人親方は2割から3割弱に過ぎず、7～8割近くが下請の一人親方なのである。

また**図3-2**は、東京における一人親方の経験年数別にみた請負形態別構成比であるが、図3-2をみると、従来の一人親方の請負形態である材料持元請の割合は、経験年数30年以上が25.0%であるのに対し、3年以下では5.0%まで減少している。逆に手間請の構成比は、経験年数30年以上が50.0%であるのに対して、3年以下は、77.0%にまで上昇している。つまり経験年数の長いベテランほど材料持元請が多く、経験の浅い、近年に一人親方になった一人親方ほど手間請の割合が高くなっているのである。

図3-2の構成比は、現時点での請負形態をもとにしており、一人親方になった時点での請負形態ではない。しかし、もし一人親方になった時点の請負形

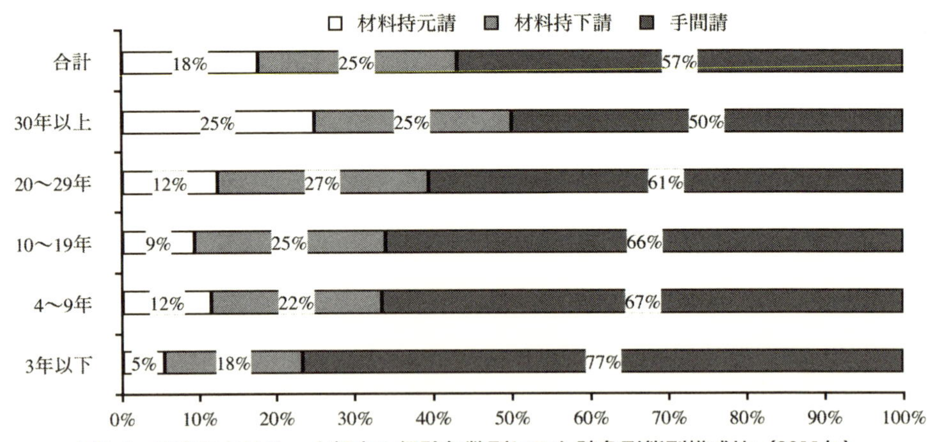

図3-2　東京における一人親方の経験年数別にみた請負形態別構成比（2011年）

注)『賃金調査』は2014年調査の個票データまで入手しているが、一人親方を「材料持元請」、「材料持下請」、「手間請」の3区分で集計しているのは2011年調査までなので2011年調査を用いた。

出所:全国建設労働組合総連合東京都連合会(2011)『賃金調査』の個票データより筆者作成。

態と現在の請負形態が同じだとすれば、近年になればなるほど、材料持元請は減少し、手間請が増大するという関係性が見て取れよう。

3　一人親方の下請化はどのようにして進んだのか

では一人親方の下請化はどのようにして進んだのか。これを①一人親方の就業構造の変化、②一人親方が独立した契機、③企業の一人親方活用理由より明らかにする。

(1) 一人親方の就業構造の変化

1) 一人親方の下請化の歴史的区分

以下では、一人親方の下請化を就業構造の変化、とりわけ一人親方の就業する丁場の広がりという観点から明らかにしていく。我国における一人親方の下請化は、その進展度合いと丁場によって歴史的に三つに区分できる。**図3-3**は、その区分を示したものである。

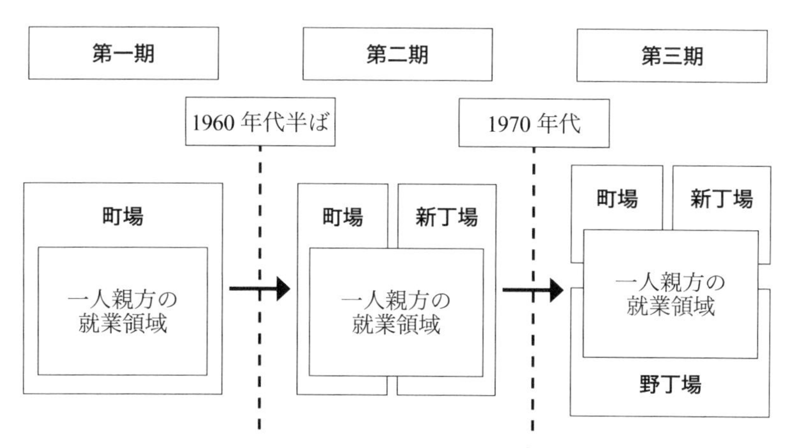

図3-3　一人親方の下請化の時期別区分

注）一人親方の就業領域の面積はその丁場に占める一人親方数の大きさとは関係ない。
出所：筆者作成。

第一期は、1960年代半ばまでである。序章の一人親方の定義でも述べたように、従来の一人親方は、町場で就業する材料持ちの元請であった。1960年代における丁場別の一人親方数を調査したデータはないので、1960年代の町場において従来の一人親方がどの程度就業していたのかを明らかにすることはできない。

しかし、建設政策研究所(2008a)[11]が指摘したように1960年代半ばまで住宅建築といえば町場職人による木造戸建住宅づくりが一般的であったこと、次のパラグラフでみるように、下請の一人親方が現れるのは1960年年代後半以降であることを踏まえれば、1960年代半ばまでの一人親方の請負形態とは、元請として施主から直接工事を請ける材料持ちの元請が一般的だったといえる。

第二期は、1960年代半ばから1970年代にかけての時期である。この時期の特徴は、一人親方のうち材料を持ち自ら工事を請けるという、従来の一人親方が部分化し、変わって住宅資本の下請として就業する一人親方が現れたことである。

つまり、椎名(1983a)は、「七三年の第一次石油危機を契機に民間設備投資、住宅投資が激減し、それが回復しきらないうちに七九年の第二次石油危機によるいっそうの低迷に直面している…こうして住宅生産の低迷が続くもとで、大手をはじめとする住宅資本の供給する住宅の比重が高まっている。この傾向は60年代にはじまり、七〇年代を通じて定着し」[12]てきたと述べ、こうした状況のもとで、町場の仕事から「アブレ」た従来の一人親方が住宅資本の下請に再編されていったことを指摘している[13]。

図3-4は、椎名(1983a)の論文より引用した神奈川における東急グループ建売分譲住宅の生産組織であるが、この生産組織において一人親方は、2次下請の手間請の大工(左下)として就業しており、元請としての立場にはない。

ところで日本を代表する大手住宅企業である積水ハウスと大和ハウス工業の創業年は、積水ハウスが1960年積水化学工業株式会社ハウス事業部を母体とし、積水ハウス産業株式会社を資本金1億円にて設立(1963年に積水ハウス株式会社に商号変更)で、大和ハウス工業が設立は1947年であるものの(当時の

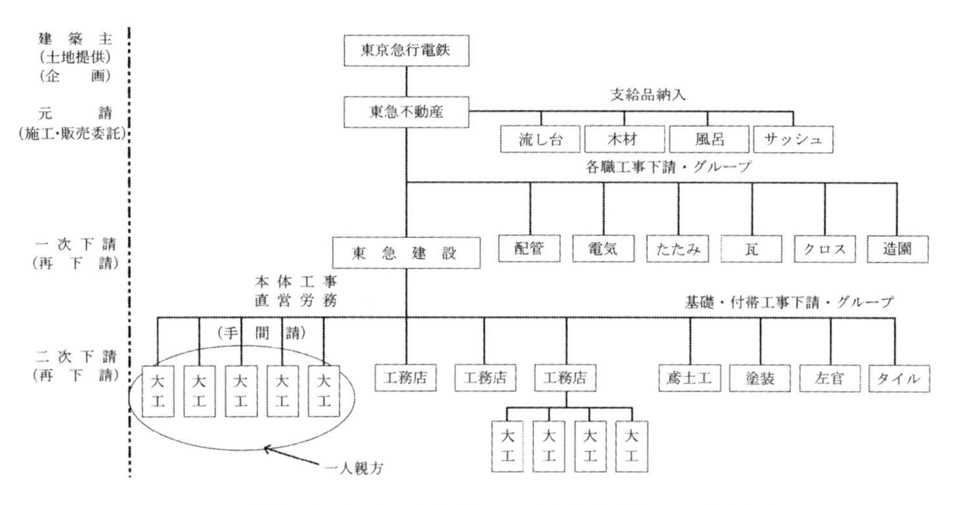

図3–4　神奈川における東急グループ建売分譲住宅の生産組織

注）この場合、東急建設の位置には、県内の有力工務店が入るケースもある。上図は1981 年現在、聞きとり調査により作成。また一人親方と○で囲ってある部分は筆者が加筆した。
出所：椎名（1983b）、208 頁、第 1 図を一部加筆修正したもの。

社名は株式会社花園工作所）、プレハブ住宅の販売をはじめたのが 1959 年である。つまり日本を代表する大手住宅企業の戸建住宅市場への参入も 1960 年代前後なのである。

このように、1960 年代後半以降、積水ハウスや大和ハウス工業などの大手住宅企業が戸建住宅市場に参入し、その後次第に大手住宅企業のシェアーが拡大し、2012 年の新設戸建住宅の 17.4% [14] が工業化されたプレハブ住宅で占められるようになっているのである。

最後の第三期は、1970 年代以降の時期である。この時期には、躯体・土木などのいわゆる野丁場に多くみられる職種において労働者の外注化（一人親方化）が進んだ。

すなわち、佐崎（1998）、吉村（2001）によれば、躯体職種において、税負担や福利費負担軽減のための職長等の独立が主に 1970 年代に進んだことが指摘されてきた[15]。つまり当時の日本は国民皆保険制度が掲げられ社会保険料の相次ぐ引上げが行われ、それまで直用して使用していた世話役やその配下作業員の外注化が進んだのである。またこうした直用労働者の下請化は土工、コンクリート工にもみられたという[16]。

とりわけ野丁場における一人親方の下請化は、一人親方の多様な職種への広がりをもたらした。**表 3–2** は、総務省『国勢調査』を用いて建設業雇人のない業主の職種別構成の推移をみたものである。なお西暦が 1975 年からになっているのはそれ以前には職種別雇人のない業主数の集計表がないからである。

表 3-2 をみると、1975 年時点では、「大工」、「左官」、「板金作業者」、「石工」等の町場にみられるいわゆる伝統的熟練職種が一人親方の 62.6%を占めており、その中でも「大工」のみで一人親方の 41.5%を占めていた。1975 年時点でも一人親方の職種は、大工が最も多かったのである。

ところが 2010 年でみるとこれら 4 職種（石工は 2010 年調査では他の分類に統合されたので実際は 3 職種）を合わせても一人親方の 36.8%を占めるに過ぎず、一人親方に占める伝統的熟練職種のプレゼンスは低下しているのである。具体的にみれば、「大工」が 1975 年対比 31.5%減、「左官」が同 61.4%減、「板金作業者」が同 47.5%減と 3 ～ 6 割近くも減少しているのである。

一方で 1975 年から 2010 年の間に「その他の建設作業者」の 5.1 倍、「建設機械運転作業者」1.8 倍、「土木作業者」1.6 倍、「とび職」1.3 倍など増加傾向にある。「その他の建設作業者」は 1975 年の定義から潜水士、止水工、防水工、保温工、モルタル防水工、アスファルト防水工、保冷工、熱絶縁工、グラウト工の 9 職種が新たに新設されているので比較は出来ないが、「建設機械運転作業者」、「土木作業者」、「とび職」などのいわゆる野丁場職種が増加しているのである。このように野丁場における労働者の一人親方化は、一人親方の職種の多様な広がりをもたらしたのである。

なお**図 3–5** は、東京における一人親方の経験年数別にみた丁場別構成比であるが、図 3-5 をみると、町場の割合は、経験年数 30 年以上が 50.1%であるのに対し、3 年以下では 32.9%まで減少している。一方で野丁場の割合は、経験

表3-2　建設業雇人のない業主の職種別構成比の推移　　単位：%

	1975 年	1985 年	1995 年	2005 年	2010 年	75 年＝100.0（2010 年）
土木・建築請負師	1.2	—	—	—	—	—
大工	41.5	36.9	32.4	27.7	28.5	68.5
とび職	1.1	0.9	0.9	1.2	1.5	133.5
ブロック積・タイル張作業者	2.8	3.0	2.8	2.3	1.9	68.4
屋根ふき作業者	1.1	1.1	1.1	1.1	1.1	96.4
左官	13.1	10.2	7.6	5.2	5.1	38.6
配管作業者	3.2	4.8	5.8	6.8	7.4	228.7
畳職	2.8	2.8	2.2	1.6	1.4	49.1
土木作業者	2.9	3.5	4.5	4.9	4.9	164.8
その他の建設作業者	3.8	7.1	10.5	17.7	19.2	510.7
建設作業者小計	73.6	70.3	67.7	68.4	70.9	96.2
石工	1.9	1.5	1.3	1.0	—	—
金属溶接・溶断作業者	3.9	3.0	2.6	2.1	1.9	48.1
板金作業者	6.1	5.1	4.0	3.1	3.2	52.5
塗装作業者、画工、看板制作作業者	7.5	8.5	8.6	8.2	9.1	121.1
建設機械運転作業者	0.5	0.9	1.2	0.8	0.8	183.9
電気工事作業者	5.0	8.0	9.5	12.0	14.2	282.1
表具師	1.6	2.7	5.1	4.4	—	—
総計	100.0	100.0	100.0	100.0	100.0	—

注 1）職業分類の変更に関しては以下の通り、「75 → 85 年」屋根職→屋根ふき工、土木工事作業者、道路工事作業者→土木工、舗装工、「85 → 95 年」金属溶接工→金属溶接・溶断工、「95 → 05 年」とび工→とび職、れんが積工、タイル張工→ブロック積・タイル張作業者、屋根ふき工→屋根ふき作業者、配管工、鉛工→配管作業者、畳工→畳職、土木工、舗装工→土木作業者、塗装工、画工、看板工→塗装作業者、画工、看板制作作業者、建設機械運転工→建設機械運転作業者、電気工事人→電気工事作業者、金属溶接・溶断工→金属溶接・溶断作業者、板金工→板金作業者。石工は、2010 年調査より「窯業・土石製品製造従事者」分類に統合された。
注 2）データは、職業小分類についての 20％抽出集計結果である。
出所：総務省『国勢調査』より作成、なお、1975、1995 年は総務庁、1975 年は総理府。

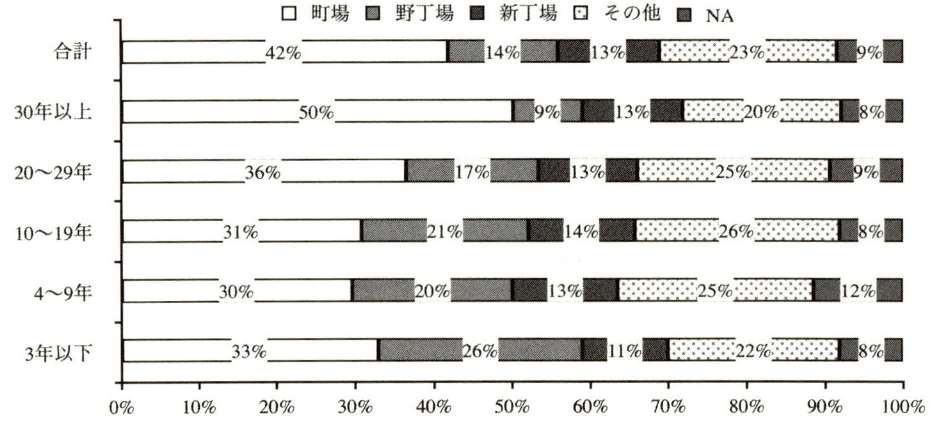

図3-5　東京における一人親方の経験年数別にみた丁場別構成比（2011年）

注）町場＝「施主から直接請けた現場」＋「町場の大工・工務店の現場」、野丁場＝「大手ゼネコン・野丁場の現場」＋「地元（中小）ゼネコン・野丁場の現場」、新丁場＝「大手住宅メーカーの現場」＋「地元（中小）住宅メーカーの現場」、その他＝「不動産建売会社の現場」＋「リフォーム会社・リニューアル会社などが元請の現場」＋「その他元請の現場」として集計。

出所：全国建設労働組合総連合東京都連合会（2011）『賃金調査』の個票データより筆者作成。

年数30年以上が9.0％であるのに対して、3年以下は、26.0％である。また新丁場とその他は経験年数の長短によってそれほど大きな差は見られなかった。

図3-2の場合と同様に、図3-5の構成比は、現時点での丁場別構成比で一人親方になった時点の丁場別構成ではない。しかし、もし一人親方になった時点の丁場と現在の丁場が同じだとすれば、近年になればなるほど、町場で就業する一人親方は減少し、逆に野丁場で就業する一人親方が増大する傾向にあることがわかるのである。

2) 丁場別にみた一人親方の下請化プロセス

これまで一人親方の下請化がその領域を新丁場、野丁場へと広げながら進んでいったことを明らかにした。以下では、『一人親方調査』を用いて、個別事例よりどのようにして一人親方の下請化が進んだのかを明らかにする。

最初に町場における一人親方の下請化の事例を検討しよう。なお町場における一人親方の下請化は**図 3-6** にあるように、①、従来の一人親方から下請の一人親方になるパターンと②、労働者から下請の一人親方になるパターンが見られた。

図 3-7 より従来の一人親方から下請の一人親方になるパターンの事例からみていこう。図 3-7 の N さんは、聞き取りを行った時点で、62 歳の手間請大工である。N さんは 30 歳から 50 歳までは、工務店紹介の戸建新築工事を材工込みの一式で元請として請け、各職を手配し、施工を行っていた。つまり従来の一人親方であった。ところが 2000 年頃から（N さん 50 歳）からそれまで年間 4 棟請けていた新築工事が 2 棟に減り、N さんの売上は新築工事と応援（労務外注）が半分ずつになる。その後 2002 年頃からは新築工事が全くなくなってしまう。

こうした状況のもとで、N さんは応援として 2000 年から入っていた知人の一人親方のもとで手間請として就業するようになる。つまり N さんの事例は、従来の一人親方が元請仕事の減少に直面し、手間請化する事例といえる。

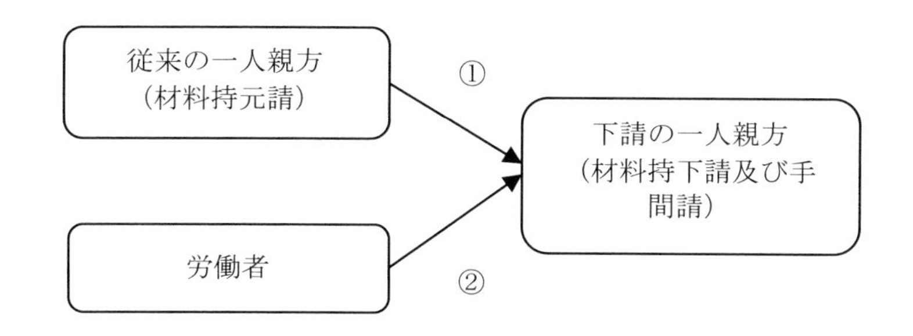

図3-6　町場における一人親方の下請化
出所：『一人親方調査』をもとに筆者作成。

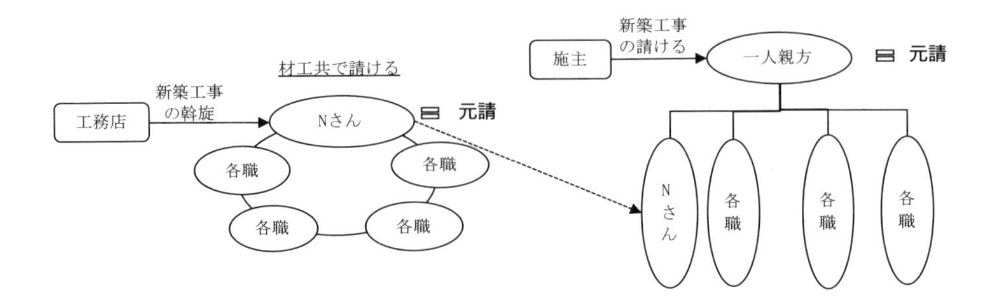

図3-7　Nさんの下請化の過程

注）図は聞き取りによって明らかになった範囲を記述したので、例えば実際の各職の数はもっと多い可能性も考えられる。
出所：『一人親方調査』より筆者作成。

次に**図 3-8** より労働者から下請の一人親方になるパターンの事例からみていこう。図 3-8 の A さんは、聞き取りを行った時点で、55 歳の手間請大工である。A さんは、中学校卒業後、兄の経営する工務店に就職し、その後、31 歳の時に、工務店を経営する知人に職長として働いてほしいという話があり、知人の経営する工務店に労働者として雇用される。その後、38 歳の時に親戚の工務店によりよい条件を出すとのことで引き抜きにあう。

そして親戚の経営する工務店にここでもまた職長の労働者として雇用される。ところがこの工務店に勤め始めて 4 年目のときに不況の影響で解雇される。

解雇後は、工務店に勤務中につくった人脈をもとに手間請の一人親方として就業するようになる。一人親方になってからは、材工共の元請として戸建新築工事を請けることもあった。しかし、現在は、工務店からリフォーム工事を請負う手間請大工として就業している。材料は工務店から支給され、賃金は 1 日 1.7 ～ 2.0 万円に就業日数を乗じた金額が支払われるとのことである。

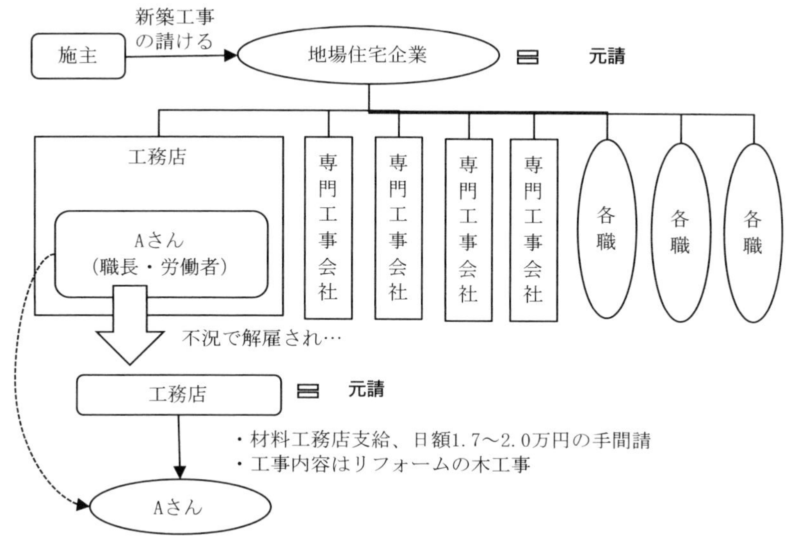

図3-8　Aさんの下請化の過程

注）図は聞き取りによって明らかになった範囲を記述したので、例えば実際の専門工事会社および各職の数はもっと多い可能性も考えられる。
出所：『一人親方調査』より筆者作成。

つまり、A さんの事例は、労働者として働いていたが解雇され、その後手間請一人親方として就業するようになったケースといえる。

以上のように町場における一人親方の下請化の過程を事例をもとに明らかにしてきたが、こうした下請化のパターン以外にも『一人親方調査』の町場の事例ではみられなかったが、町場において親方・経営者から一人親方になるというケースが建設政策研究所(2010)によって指摘されている[17]。この親方・経営者から一人親方へのケースが「下請の一人親方」へなのか「元請の一人親方」へなのかは、同研究からはわからないが、少なくとも親方・経営者から一人親方へというケースは実際にあるということである。

続いて新丁場における一人親方の下請化の事例を検討しよう。なお新丁場における一人親方の下請化のパターンは、労働者から下請の一人親方になるパターンが見られた。

図 3-9 より新丁場において労働者から下請の一人親方になる事例をみていこう。図 3-9 の G さんは、聞き取りを行った時点で、51 歳の手間請電気工事士である。G さんは、36 歳の時に当時働いていた会社での人間関係のいざこざから離職し、電気工事会社の見習として働き始める。賃金は日給制で社会保険は掛けられておらず、賃金から国民年金保険料と市町村国民健康保険料を支払っていたという。

G さんは入社 4 年目のときに、電気工事会社に対して正社員としての就業を要求するが、雇って貰うことはできずに、同電気工事会社の仕事を斡旋して貰う形で手間請の電気工事士として就業するようになる。つまり、G さんの事例は見習ではあるが労働者として働いていたが、正社員になることが出来ずに、手間請一人親方化した事例といえる。

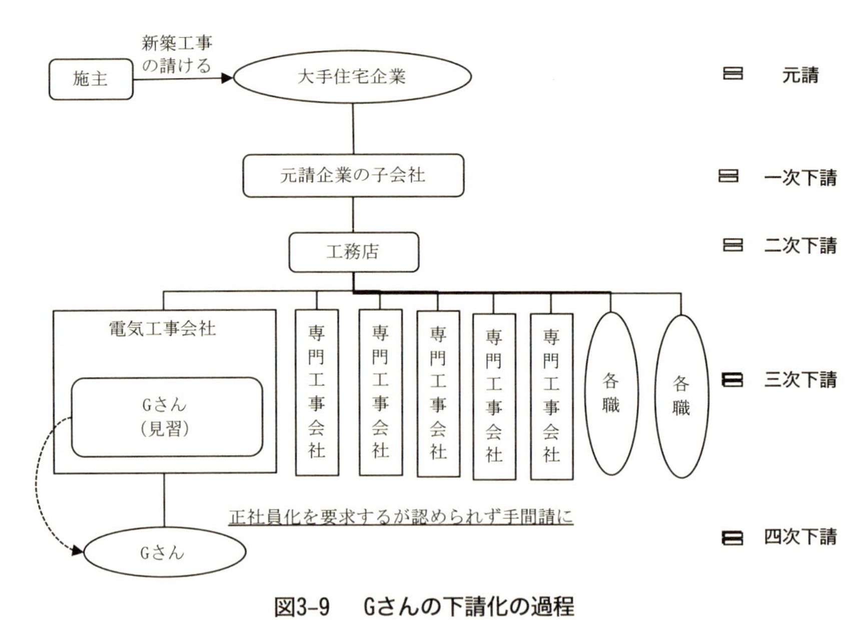

図3-9　Gさんの下請化の過程

注）図は聞き取りによって明らかになった範囲を記述した。したがって実際には、一次下請が一社ではなく、複数あり、その下に重層下請がさらに存在するとも考えられるが図では記述できていない。
出所：『一人親方調査』より筆者作成。

最後に野丁場における一人親方の下請化の事例を検討しよう。野丁場における一人親方の下請化のパターンは、労働者から下請の一人親方になるパターンが見られた。**図 3–10**、**図 3–11** より野丁場において労働者から下請の一人親方になる事例をみていこう。

図 3-10 の D さんは、聞き取りを行った時点で、53 歳の手間請左官である。D さんは、35 歳のときより大手デベロッパーの 2 事下請の左官会社で職長の労働者として就業をするが、40 歳になった年に不況の影響で源泉徴収されなくなり、労務外注の手間請として就業するようになる。つまり D さんの事例は、労働者として就業していたが、源泉徴収されなくなり手間請一人親方化した事例といえる。

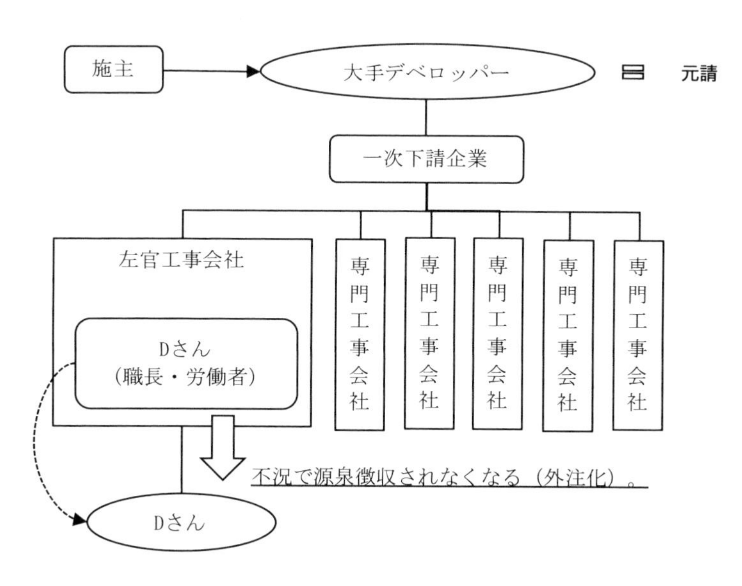

図3–10　Dさんの下請化の過程

注）図は聞き取りによって明らかになった範囲を記述した。したがって実際には、一次下請企業が一社ではなく、複数あり、その下に重層下請がさらに存在するとも考えられるが図では記述できていない。
出所：『一人親方調査』より筆者作成。

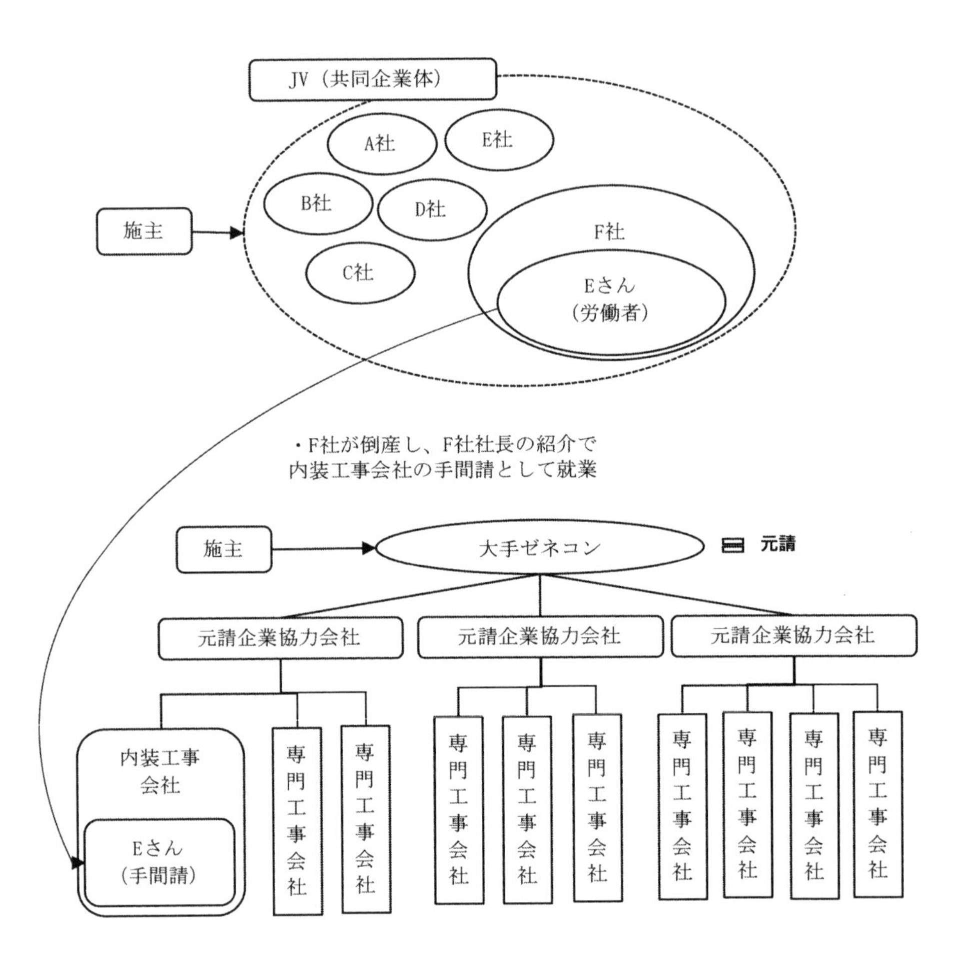

図3-11　Eさんの下請化の過程

注）JVとは、ジョイントベンチャーの頭文字で、共同企業体といい、複数の企業が一つの建設工事を受注、施工することを目的として形成する事業組織体のことを指す。また図は聞き取りによって明らかになった範囲を記述した。

出所：『一人親方調査』より筆者作成。

表3-3　『賃金調査』における一人親方の現場、丁場別構成比の推移　　単位：%

	2001	2002	2003	2004	2005	2006	2007	2008	2009	2010	2011	2012	2013	2014
町場	39.5	34.6	31.6	47.8	46.9	47.7	38.1	37.7	41.2	42.4	42.0	43.3	42.0	40.9
施主から直接請けた現場	-	-	-	23.7	22.7	23.1	15.5	14.4	16.6	18.5	16.8	19.6	19.2	19.9
町場の大工・工務店の現場	39.5	34.6	31.6	24.1	24.2	24.6	22.6	23.2	24.6	23.9	25.2	23.7	22.8	21.0
新丁場	12.4	12.6	10.7	16.9	16.8	17.6	12.8	12.8	11.7	11.7	12.7	9.6	10.3	10.2
大手住宅メーカーの現場	6.2	7.2	5.0	8.9	8.1	10.1	9.0	8.6	8.4	7.9	9.2	7.2	7.6	7.5
地元(中小)住宅メーカーの現場	6.2	5.4	5.7	8.0	8.7	7.6	3.8	4.2	3.4	3.8	3.5	2.4	2.7	2.7
野丁場	20.3	17.3	13.4	17.9	18.5	19.0	16.9	16.2	15.2	14.2	13.9	12.1	12.5	13.2
大手ゼネコン・野丁場の現場	12.9	11.7	8.3	12.3	12.9	12.8	11.6	11.3	10.3	9.2	9.2	8.1	8.4	9.6
地元(中小)ゼネコン・野丁場の現場	7.4	5.6	5.1	5.5	5.6	6.2	5.3	4.9	4.8	5.0	4.7	4.0	4.1	3.6
その他	6.2	10.5	10.4	6.0	5.7	6.4	22.9	24.7	20.9	21.5	22.5	23.7	24.1	23.0
不動産建売会社の現場	-	-	-	-	-	-	3.5	3.5	2.6	2.9	2.8	2.4	2.6	2.3
リフォーム会社・リニューアル会社などが元請の現場	6.2	10.5	10.4	6.0	5.7	6.4	9.0	9.6	7.8	8.1	8.9	7.8	8.9	8.0
その他元請の現場	-	-	-	-	-	-	10.4	11.6	10.5	10.5	10.8	13.5	12.6	12.8
NA	21.6	25.0	34.0	11.4	12.1	9.6	9.4	8.6	11.0	10.3	8.9	11.2	11.2	12.6
現場計	100.0	100.0	100.0	100.0	100.0	100.0	100.0	100.0	100.0	100.0	100.0	100.0	100.0	100.0

注）丁場の分類は筆者が行った。2001年からのデータである理由はそれ以前の『賃金調査』の個票データを入手できなかったからである。「施主から直接請ける現場」の設問は2004年から削除、「不動産建売会社の現場」、「その他元請の現場」の設問は2007年より新設。

出所：全国建設労働組合総連合東京都連合会『賃金調査』の個票データより筆者作成。

表3-3参考図　『賃金調査』における一人親方の丁場別構成比の推移

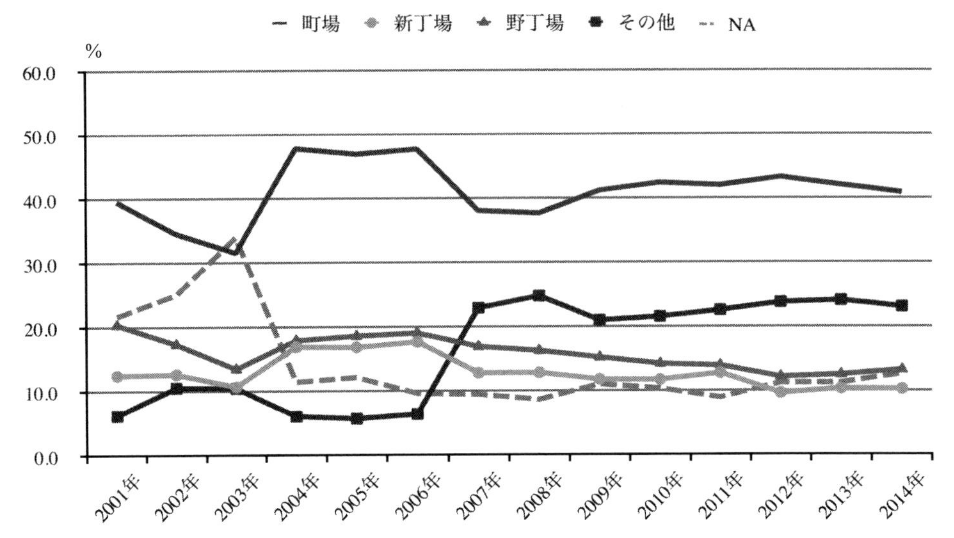

出所：全国建設労働組合総連合東京都連合会『賃金調査』の個票データより筆者作成。

次に図3-11の事例を見ていこう。図3-11のEさんは、聞き取りを行った時点で、66歳の手間請内装工である。Eさんは、36歳の時にタウンページの求人情報よりJV（ジョイントベンチャーの頭文字で、共同企業体といい、複数の企業が一つの建設工事を受注、施工することを目的として形成する事業組織体のことを指す。）関係の工事を請負う会社に労働者として就職する。しかし4年後に同企業が倒産し、Eさんは同企業社長の紹介で、大手ゼネコンの2事下請企業の手間請として就業するようになる。

つまりEさんの事例は、それまで勤めていた会社が倒産し、その会社の社長の紹介で大手ゼネコンの下請会社に手間請一人親方として就業した事例といえる。

ここまで町場、新丁場、野丁場における一人親方の下請化を事例分析をもとに明らかにしてきたが、労働者から手間請一人親方へというのが全ての丁場に共通して見られる下請化のありようであった。このような一人親方の下請化を通じて、今日における一人親方の丁場別就業領域はどのようになっているのだろうか。

表 3-3 は、『賃金調査』より東京における一人親方の丁場別構成比の推移をみたものである。表 3-3 をみると、2001 年から 2014 年にかけての『賃金調査』に回答した一人親方は、町場が 4 ～ 5 割弱、新丁場が 1 ～ 2 割弱、野丁場が 1 ～ 2 割弱、その他が 1 割弱～ 2 割強で推移していることがわかる。

従来の一人親方とは町場で就業する材料持ち元請の一人親方を指したが、一人親方の下請化が進む中で彼・彼女らの就業する領域が新丁場、野丁場へと拡大し、表序 -1 でもみたように、2011 年時点で従来の一人親方は、一人親方の 13.3％と一割を占めるに過ぎないまで減少しているのである。以上のことを踏まえれば、一人親方の就業構造の変化は、**図 3-12** のように示すことができる。

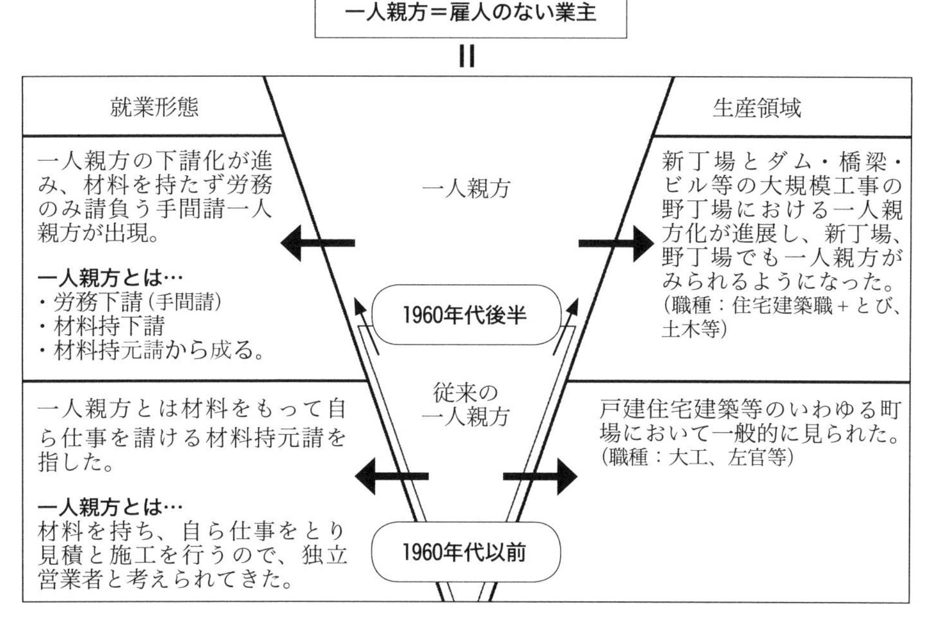

図3-12　一人親方の就業構造の変化

出所：筆者作成。

(2) 一人親方が独立した契機

次に一人親方が独立した契機より下請化の進展を考察しよう。従来の建設職人のキャリアモデルは、労働者として親方のもとで経験を積み、その後、一人親方として独立し、将来的には親方・経営者を目指すというものであった 。

表 3–4 は、建設職人の職階を契約形態と契約の特徴より五つに分けてみたものである。類型Ⅰが労働者、類型Ⅱが手間請、類型Ⅲが材工共下請、類型Ⅳが材工共元請、類型Ⅴが親方・経営者(職人を一人以上雇用する)を指す。

表3–4　契約形態とその特徴からみた建設職人の五類型

類型	契約の形態	契約の特徴
Ⅰ	労働者	労働契約
Ⅱ	手間請	下請負契約
Ⅲ	材工共下請	下請負契約
Ⅳ	材工共元請	元請負契約
Ⅴ	親方・経営者（職人を一人以上雇用）	元請負契約

出所：筆者作成

表 3-4 の類型をもとに建設職人のキャリアモデルを示せば、「Ⅰ→Ⅱ or Ⅲ→Ⅳ→Ⅴ」が従来の伝統的なキャリアモデルであったといえる[18]。しかし近年では、ⅡないしⅢすなわち手間請ないし材工共下請といった下請の段階でキャリアがストップしてしまう一人親方が増大している。これを『一人親方調査』より明らかにしていこう。

図 3–13 は表 3-4 の類型をもとに、一人親方がどのような契約形態で就業し今日に至っているのかを明らかにしたものである。図 3-13 をみると、最も多いケースが「Ⅰ→Ⅱ or Ⅲ」型でこれが 20 ケース中 15 ケースを占めている。なお No.14 のケースは一度材工共元請まで階層上昇しているが、その後、手間請に戻っているので「Ⅰ→Ⅱ or Ⅲ」型に含めた。

一方でⅣの材工共元請まで階層上昇し今日に到っている一人親方が 3 ケース、Ⅴの親方・経営者まで階層上昇した経験を持つ一人親方が 2 ケースとなっている。このことは近年では親方・経営者はおろか材工共元請まで階層上昇

		1955	1960	1965	1970	1975	1980	1985	1990	1995	2000	2005	2010
No.1	大工（55歳）						Ⅰ		→		Ⅱ→ Ⅳ	→	Ⅱ
No.2	給排水設備（49歳）								Ⅰ	→		Ⅴ	→Ⅲ
No.3	ガス配管（65歳）			Ⅰ	→		Ⅲ	→	Ⅱ→	Ⅰ→	Ⅲ	→	
No.4	左官（53歳）						Ⅰ		→		Ⅱ	→	
No.5	内装（66歳）			Ⅰ			→	Ⅱ			→		
No.6	左官（43歳）								Ⅰ		→		Ⅱ
No.7	電工（51歳）						Ⅰ		→		Ⅱ		→
No.8	大工（47歳）							Ⅰ		→	Ⅱ→	Ⅲ→	
No.9	大工（34歳）									Ⅰ	→Ⅱ	→	
No.10	タイエル（58歳）					Ⅰ		→	Ⅲ		→		
No.11	塗装（35歳）									Ⅰ	→	Ⅱ	→
No.12	大工（51歳）						Ⅰ→		Ⅱ		→		
No.13	電工（61歳）				Ⅰ	→Ⅳ				→			
No.14	大工（62歳）				Ⅰ	→	Ⅳ		→		Ⅱ	→	
No.15	塗装（59歳）				Ⅰ		→		Ⅳ		→		
No.16	大工（61歳）			Ⅰ		→	Ⅳ		→			Ⅴ→	Ⅳ
No.17	大工（34歳）									Ⅰ	→		Ⅱ→
No.18	大工（71歳）	Ⅰ	→	Ⅱ				→					
No.19	大工（40歳）								Ⅰ		→		Ⅱ→
No.20	大工（36歳）									Ⅰ	→		Ⅱ→ Ⅳ

図3-13　一人親方の類型間移行の推移

出所：『一人親方調査』をもとに作成。

することもなく、手間請、材料持下請でキャリアがストップする一人親方が多いことを示している。

なぜ一人親方のキャリアが手間請、材工共下請でストップしてしまったのだろうか。この点を事例よりみていく。この15ケースに特徴的な点としては、①雇って貰えずやむなく、②賃金が低いので独立して収入増を求めて、③請負工事が取れなくなり手間請化、の三つがあげられる。いくつか特徴的な事例をあげると以下の通りである。カッコ内は筆者加筆。

「雇って貰えずやむなく」のケースは以下の通り。

「A社は組合(労働組合)の紹介です。入社してから40歳くらいまでは源泉徴収があったんです。でも不況でしょ…それ以降は源泉徴収されなくなって、一人親方です。源泉徴収されなくなっただけで他(仕事内容)は同じですよ。」(No.4、左官、53歳)

「監督してた時(社員として現場監督してた時)の取引先に見習として雇って貰ったんです。入社4年目のときかな。正社員として雇って貰えないかって社長に相談したんだけど、ダメだった。それが独立した理由です。」(No.7、電工、51歳)

「独立したのは36(歳)のとき、それまで社員で働いてたんだけど、このまま雇うのは厳しいっておやっさん(社長)に言われて、でも今も気持ちはK社の社員。今もK社の作業着着て現場出てます。」(No.19、大工、40歳)

「賃金が低いので独立して収入増を求めて」のケースは以下の通り。

「独立したのは2002年です。理由は子どもが生まれ収入を増やさないと生活が厳しくて、1日1万2,000円から1日1万7千円プラス材料代に増えました。社員のときも保険かけてなかったんで手取が増えましたね。」(No.11、塗装工、35歳)

「請負工事が取れなくなり手間請化」のケースは以下の通り。

「2003年頃までは戸建の新築工事を年間3棟請けてたんです。それが2004年頃から2棟に減って、合間(新築工事と新築工事の)を埋めるためにリフォーム工事(日当制の手間請)をはじめたんです。3年前から新築工事は取れてない。今は専らリフォームです。」(No.1、大工、55歳)

「50(歳)までは新築工事で食っていた。それが新築減って応援(労務外注)と新築で半々(売上)を占めるようになって、ここ数年は知合いの大工さんと一緒に(手間請で)新築工事をやらせてもらっています」(No.14、大工、62歳)

以上の事例から近年における一人親方に至る契機は、材工共元請、親方・経営者へと至るステップとしての独立とは必ずしも言えず、雇って貰えなかったこと、社員時の収入の低さ、請負工事が取れなくなったこと、等の独立せざるを得ない状況での一人親方化、いわば窮迫的独立としての側面を有しているといえる。そしてまたこのことが下請一人親方の増大をもたらしているのである。

(3) 企業の一人親方活用理由

以上、一人親方の下請化を推し進めた要因として建設産業の構造変化、一人親方の窮迫的自立を考察してきたが、これに加えてあげられるのがコスト削減を目的とした企業による一人親方活用である。つまり、一人親方の活用は企業にとって、社会保険料及び営業上の経費負担の回避と生産変動に応じて活用という点でコスト削減効果が高いのである。この点を先行研究等を用いて明らかにする。

企業が一人親方を雇用せずに活用する場合、企業は社会保険料の事業主負担を回避できる。建設政策研究所 (2008b) の行った試算[19]によれば、企業が一人親方を雇用した場合、月額で健康保険料 2 万 3,042 円、厚生年金保険料 4 万 2,138 円、雇用保険料 6,182 円、労災保険料 8,430 円の計 7 万 9,792 円、年間で約 96 万円の事業主負担が発生する。これに退職金等を加算すればその金額はさらに大きくなる。企業は一人親方を雇用しないことでこれだけのコストを削減できるのである。

また建設政策研究所 (2008b) は、企業が一人親方を活用することで営業上の諸経費負担を回避していることも指摘している。同研究によれば、企業が一人親方を活用する場合、年間経費額 (概算) で振込手数料 8,820 円、金物等材料代 30 万円、道具購入費・道具修理代 10 万円、ガソリン代 24 万円の計 64 万 8,820 円の負担を回避しているのである[20]。

企業が一人親方を活用する理由として、これらの負担回避に加えて生産変動に応じて活用できるという点があげられる。つまり建設産業は受注産業であり生産変動に応じて使いたいときに使いたいだけ使えるという一人親方活用の企業側のメリットは極めて大きい。

しかし、このことは翻って一人親方側から見れば、企業の生産変動に応じて就業が不規則不安定化することを意味しているのである。次節でこの点を検討する。

4　不規則不安定化する一人親方の就業

前節では一人親方の下請化がどのようにして、またどの程度進んでいるのかを明らかにした。本節では、こうした一人親方の下請化が就業の不規則不安定性をもたらしていることを実証する。

一人親方の下請化が進展する中で、一人親方の就業は元請企業あるいは上位の下請企業の生産変動に応じて不規則不安定化している。

この点を『一人親方調査』を用いて明らかにしよう。『一人親方調査』では仕事の空き、すなわち就業を希望しているのに仕事がない状態、の有無について設問している。その結果、下請一人親方 16 人中 6 人が仕事の空き経験があると回答している。

表 3–5 はその下請一人親方の属性、現場、仕事が空いた契機、期間及び生活基盤をみたものであるが、表 3-5 をみると、一人親方の仕事が空いた契機は、「取引先企業の倒産」が 3 ケース、「請負仕事の減少」が 1 ケース、「請負仕事が切れて」が 2 ケースとなっている。

この「取引先企業の倒産」、「請負仕事の減少」、「請負仕事が切れて」の契機ごとに事例をいくつか示せば以下のようになる。なおカッコ内は筆者が加筆した。

表3-5　下請一人親方の属性、現場、仕事が空いた契機、期間及び生活基盤

NO	年齢	職種	契約形態	現場	契機	期間	生活基盤
NO.1	55歳	大工	手間請	地場工務店の現場	請負仕事が切れて。	2010年1～2月にかけて10日間しか仕事がなかった。	妻のパートと貯金取崩し。
NO.6	43歳	左官	手間請	中小住宅企業の現場	取引先企業の倒産。	1998年に1ヵ月半、2009年に21日。	貯金取崩し。
NO.7	51歳	電工	手間請	大手住宅企業の現場	取引先企業の倒産。	4ヶ月間。	銀行からの借り入れ。
NO.11	35歳	塗装	手間請	中小企業の現場	請負仕事が切れて。	2008年に1週間仕事なしが3回。	ノンバンクからの借り入れ。
NO.12	51歳	大工	手間請	大手不動産建売の現場	請負仕事の減少	2009年に1ヶ月仕事が切れた。	カードローンで借り入れ。
NO.14	62歳	大工	手間請	地場工務店の現場	取引先企業の倒産。	2006年に1ヶ月間。	貯金取崩し。

出所：『一人親方調査』をもとに筆者作成。

「請負仕事の減少」…

NO. 12　大工Ｌさんの場合

筆者：あぶれの経験はありますか？

Ｌさん：あります。2009年に1ヶ月間。Ｇ社（元請企業）が棟数自粛するっていうんで、1棟仕事減らされました。専属（手間請）なんで厳しかった。

筆者：8棟確保するよう言えなかったのですか？

Ｌさん：文句は言いにくい。向こうは替わりはいくらでもいるって…足元みられてます。

「取引先企業の倒産」…

NO. 6　左官Ｆさんの場合

98年に1ヵ月半、2年前に21日間…切れました。理由は元請の倒産です。次がみつかるまで貯金取り崩してしのぎました。

NO. 7　電工Ｇさんの場合

筆者：あぶれの経験ありますか？

Gさん:あります。専属でやっていたところが倒産して不払いとあそびで計4ヶ月くらい無収入のときがありました。

「請負仕事が切れて」…

NO. 1　大工Aさんの場合

筆者：遊んだ経験は？

Aさん:あったよ。去年のちょうど今頃かな。1､2月合わせて10日しかなかったね

筆者：仕事確保の取組みは？

Aさん：いまんところに贔屓して貰っているからもし他から請けて断るようなことになったら次に響くでしょ？だから出来なかった。

NO. 11　塗装Kさんの場合

2008年にあそんだことがあります。いつも貰っているところからFax(発注書)がこなくなって。1週間仕事ないのが3回くらいですかね。きつかったです。

下請一人親方は請負仕事が切れる／減る、取引先企業の倒産等の元請、上位の下請企業の生産活動上の要因によって就業日数が不安定になっているのである。さらにその期間をみると、「2010年1、2月にかけて10日間しか仕事がなかった」(NO.1　大工)といった短期的なものから1ヶ月間連続して仕事が切れたと回答した下請一人親方が3人、4ヶ月間も1人いるなど長期間連続して仕事がないものも見られ、就業が不規則なのである。

加えて一人親方の仕事が空いた際の生活基盤は極めて脆弱である。つまり、表3-5より仕事が空いた期間の生活基盤を見ると、「貯金取崩し」が3人、「借り入れ」が3人、「妻のパート」が1人となっている。

一人親方は仕事が空いた際に「貯金取崩し」や「妻のパート」など自助的な資源によって生活していることが見て取れるのである。このうち「妻のパート」に関して言えば、パートナーがいなければ頼ることは出来ないし、いたとし

ても２章で実証したように妻の収入によって貧困層から脱することが可能な一人親方世帯は極めて少ない。「貯金の取崩し」に関しても限りがある。このように一人親方の仕事が空いた際の生活基盤は極めて脆弱といえるのである。

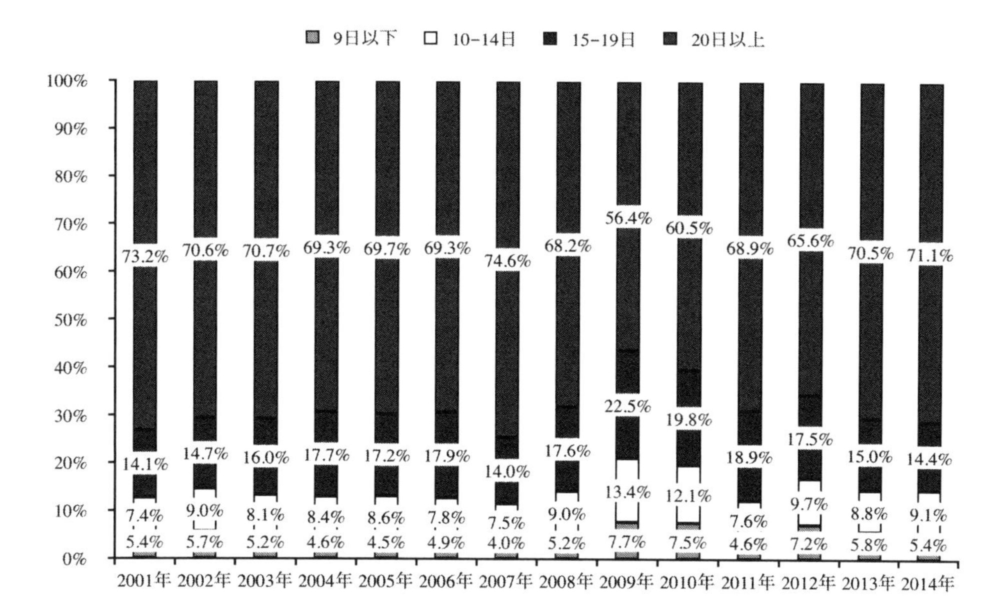

図3-15　一人親方の就業日数階級別構成の推移　　単位：%
出所：全建総連東京都連合会『賃金調査』の個票データをもとに作成。

では実際に下請一人親方のどの程度が就業の不規則不安定性に直面しているのだろうか。これを『賃金調査』を用いて明らかにする。**図3-15**は2000年代における一人親方の就業日数階級別構成の推移をみたものである。暦日で調査月[21]における平均平日日数は19.8日である。このことを踏まえて、図3-15をみると、平日日数分の就業日数を確保出来ている一人親方、すなわち就業日数20日以上の一人親方は、リーマンショック後の2009年の56.4%をのぞけば、7割前後で推移している。

逆に、一人親方の3割は、平日日数分の就業日数を確保できていないのである。また就業日数 14 日以下、つまり 3 週分の平日日数を確保出来ていない一人親方が 2009 年の 2 割台を除いて、1 割前後で推移しているのである。

このように一人親方の下請化が進む中で一人親方の就業の不規則不安定性が高まっているのである。また一人親方の就業の不規則不安定化は保護基準以下賃金の一人親方を生み出している。すなわち**図 3–16** は『賃金調査』より生活保護基準以下賃金 [22] の一人親方割合の推移をみたものである。図 3-16 をみると、保護基準以下賃金の一人親方割合は、2009 年、2010 年で 4 割を超えているが、2000 年代は概ね 3 割前後で推移している。つまり一人親方の 3 人に 1 人は生活保護基準以下の賃金しか得られていないのである。

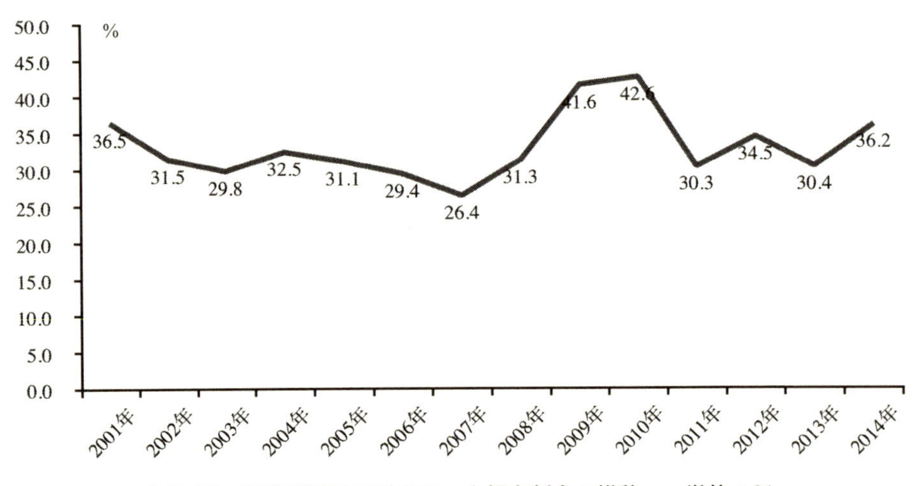

図3–16　保護基準以下賃金の一人親方割合の推移　　単位：%

注 1）生活保護基準額は東京在住、標準 3 人世帯（33 歳、29 歳、4 歳）を想定し、金額は生活扶助第Ⅰ類 10 万 6,890 円、生活扶助第Ⅱ類 5 万 3,290 円、児童養育加算 5,000 円、住宅扶助特別基準 6 万 9,800 円の計 23 万 4,980 円で計算した。

注 2）保護基準の比較対象となる賃金＝［(日額賃金×就業日数）／消費者物価指数］－自己負担経費－（基礎控除× 0.7）で算出。

出所：全国建設労働組合総連合東京都連合会『賃金調査』の個票データより筆者作成。

なお 2009 年、2010 年の保護基準以下賃金の一人親方割合がとりわけ高くなっている理由は、この 2 年間の賃金が低下していることによる。すなわち「文末資料：調査の概要と特徴」の表7より、一人親方の月当たり賃金は、2009年が31万6,516円、2010年が31万2,379円なのに対して、それ以外の月の平均月あたり賃金を計算すると、35万4,843円となり、2009年で3万8,327円、2010年で4万2,464円も開きがある。

この時期は、リーマンショック後の景気の落ち込み等によって、就業の不安定性が高まった時期であった。つまり、図3-15を見ると、2009年の就業日数19日以下(平日日数確保できない)が43.6%、14日以下(平日3週分確保できない)が21.1%で、2010年が同様に19日以下39.5%、14日以下19.6%となっており、この2年間を除いた年の平均が19日以下29.9%、14日以下13.6%であることを踏まえても、この2年間は一人親方の就業の不安定性が高まっているのである。

このようにしてみると、一人親方は下請化を契機に企業の生産変動に応じて、就業が不安定となり、賃金が保護基準を下回る一人親方が生み出されているといえるのである。つまり、一人親方は、下請かつ生活保護基準以下の賃金である場合に就業が不規則不安定と言え、したがって不安定就業としての一人親方と規定できるのである。

5　小括

本章で明らかになった点は以下の通りである。

第一は、かつて一人親方の代表的な請負形態であった町場で就業する材料持元請の一人親方は、東京では一人親方の13.3%を占めるに過ぎず、企業の下請として就業する一人親方が増大していることである。

第二は、一人親方の下請化が進んだ理由の一つが、一人親方の就業する丁場が野丁場、新丁場に広がり、町場では、かつて材料持ち元請であった一人親方が元請工事を取れず、手間請化したこと、あるいは町場、野丁場、新丁場において労働者が解雇もしくは企業のコスト削減のために外注化(一人親方化)されたことにあることである。

第三は、これに加え、一人親方の窮迫的自立の増加、コスト削減等を目的とした企業による活用の増加も一人親方の下請化が進んだ要因として考えられることである。

第四に、このような一人親方の下請化が進展する中で、企業の生産変動に応じて、就業が不安定となり、賃金が保護基準を下回る一人親方が生み出されているといえるのである。つまり、一人親方は、下請かつ生活保護基準以下の賃金である場合に就業が不規則不安定と言え、したがって不安定就業としての一人親方と規定できるのである。

【注】

1 『一人親方調査』より、内装工の手間請一人親方（NO.5）の2010年1～6月の就業日数でカッコ内は筆者加筆。『一人親方調査』は序章4節を参照。
2 斉藤（2011）、204頁参照。
3 道又・木村（1971）、19-27頁を参照。
4 椎名（1983a）、225-226頁を参照。
5 椎名（1998）、61頁を引用。この種の議論としては佐崎（2000）、恵羅（2007）を参照。
6 佐崎（1998）、21-22頁、吉村（2001）、220-221頁を参照。
7 吉村、前掲書、226頁を引用。
8 吉村が、手間請を使用人に類似する就業であると述べる根拠は、吉村、前掲書、208頁の以下の記述にある。「労務下請、すなわち『手間請け』は下請負の側の業務遂行能力を文字通り主眼とするものであるから、そこでは前述のように元請あるいは上位の下請負業者との間の信頼関係の維持が要請される。言いかえると専属化しやすく、またその結果、地位としては従属的になる」ので「労働者の質的・量的側面に関する比重の高い」と述べている。
9 民法632条は請負契約を「請負は、当事者の一方がある仕事を完成することを約し、相手方がその仕事の結果に対してその報酬を支払うことを約することによって、その効力を生ずる。」と定めている。
10 例えば、佐崎（1998）、吉村（2001）、建設政策研究所（2008b）を参照。
11 建設政策研究所（2008a）、13頁参照。
12 椎名（1983a）、219頁を引用。
13 椎名（1983a）、226-227頁において、椎名は一人親方の事例分析から、町場であぶれた一人親方が住宅資本の下請に再編されていったことを明らかにしている。
14 プレハブ住宅の割合は、プレハブ住宅／（新設住宅着工戸数－マンション戸数）で算出。データは、国土交通省（2013）『建築着工統計調査報告　平成24年計』。

新設住宅着工戸数88万2,797戸、マンション12万3,203戸、プレハブ住宅13万2,244戸である。

15　佐崎（1998）、21-22頁、吉村（2001）、220-221頁を参照。

16　吉村、前掲書、222頁を参照。

17　建設政策研究所（2010）、36頁によれば、町場の一人親方414人中、「事業主（人を使用）から一人親方へ」と回答した一人親方は50人いる。

18　全国建設労働組合総連合（1995）、31頁を参照。

19　建設政策研究所（2008b）、110頁を引用。

20　建設政策研究所（2008b）、111頁を引用。

21　『賃金調査』は2001年から2002年の調査月が6月、2003年以降が5月である。

22　生活保護基準額は東京在住、標準3人世帯（33歳、29歳、4歳）を想定し、金額は生活扶助第Ⅰ類10万6,890円、生活扶助第Ⅱ類5万3,290円、児童養育加算5,000円、住宅扶助特別基準6万9,800円の計23万4,980円で計算した。

第4章　建設産業における一人親方の長時間就業の要因分析

1　問題設定

日本の労働者の長時間労働はこれまでにも多くの論者によって指摘されてきた[1]。その際に長時間労働の指標として用いられてきたのが「週に60時間以上働いている」ことである。この指標は、産業医学の観点から、労働時間の長さと心臓疾患や循環器疾患等に関するこれまでの研究を参考に決められた、労災保険におけるいわゆる過労死認定基準をもとにしたものである[2]。

つまり、厚生労働省は、残業が6ヶ月平均で80時間を越えると、過労死・過労自殺を発症する恐れがあるとしており、これを週間に直せば週20時間以上の残業を行っている労働者は過労死・過労自殺を発症する恐れが高まるということになる。週間所定内労働時間を40時間(8時間×5日)とすれば、週間就業時間60時間以上が過労死・過労自殺の恐れのある就業時間となる。

2005年の『国勢調査』より「週間就業時間60時間以上」の割合をみると、常用雇用の14.1%に対して、一人親方に相当する雇人のない業主が12.9%となっており、一人親方に占める長時間就業者の割合は常用雇用のそれとほぼ同水準となっており、一人親方の10人に1人が本来存在してはならないはずの過労死・過労自殺の恐れのある就業者である[3]。また一人親方は法律上、自営業者と扱われるので労働基準法の適用対象から除外されており、企業がいかに一人親方を長時間働かせてもそれを罰する法律はないのである。

このような状況のもとでこれまでの研究では、その数は決して多くないが、建設政策研究所(2008)、柴田(2010)及び松村(2013)の研究が一人親方の長時間就業の要因分析という観点から考察を行ってきた。

建設政策研究所(2008)は、住宅建売会社で働く手間請の一人親方の事例分析から一人親方の長時間就業の要因として、①短い工期、②一方的な工期決定、③雨天等による工期延長が認められないこと、④進捗管理による締め付けがあげられている。

柴田はこれらの要因に加え、⑤就業日数の多さ、⑥週休二日制の普及の遅れ、⑦労働時間規制の適用除外が一人親方の長時間就業の要因であると指摘している。また松村(2013)の指摘するように⑧自己実現志向、愛他的精神及びクリエイティブ志向も一人親方の長時間就業の要因としてあげられる[4]。

これらの研究は一人親方の長時間就業の要因分析を行った重要な研究であるが、以下の点の検討がなされていない。それは、明らかにされた長時間就業の要因が長時間就業の状態の一人親方のみにみられる特徴といえるのかという点である。

例えば、「短い工期、一方的な工期決定、雨天等による工期延長が認められないこと、進捗管理による締め付け」は、長時間就業の状態にない一人親方には見られない長時間就業の一人親方に特有の特徴なのかは明らかにされていないのである。

このことは柴田(2010)の指摘した長時間就業の要因にもいえる。つまり柴田(2010)の研究は、一人親方という研究対象の集団の性質・傾向から長時間就業の要因を明らかにしているが、長時間就業の状態にある一人親方は、長時間就業の状態にない一人親方とどこがどのように違うのかを明らかにしていないのである。

筆者は、以上のような先行研究が明らかにした長時間就業の要因規定を参考にして、一人親方に対する聞き取り調査を実施し[5]、長時間就業の一人親方の特徴を長時間就業の状態にない一人親方との比較分析を通じて明らかにすることを試みた。

この試みのメリットは、一人親方はどのような要素・条件を満たした場合に長時間就業となるのかを長時間就業の状態にない一人親方との対比において、個別具体的に明らかにできることにある。これにより、これまでの労働時間規制の適用対象化、週休二日制の普及促進など客観的な全体像としての長時間就業対策の提示から、さらに進めて、個別具体的な長時間就業対策について論じることが可能となり、ひいては一人親方の長時間就業の解消に寄与することが可能となる。ここに本章の意義がある。

なお比較分析を行うに当たっては、一人親方の質的変容を踏まえて、考察することとする。つまり、3章で明らかにしたように、材料を持って自ら工事を請けるといった従来の一人親方は部分化しており、それに替わって、企業が生産変動に応じて使いたいときに使いたいだけ使える手間請の一人親方が増大してきているのである。

本章ではこうした一人親方の質的変容の文脈の上で長時間就業の一人親方の特徴を明らかにする方法を取る。具体的には長時間就業の一人親方の特徴を分析する際に新たな一人親方層である手間請と従来の一人親方である材料持元請の一人親方に分けてそれぞれの長時間就業の特徴を考察する。

本章で用いる資料は、3章でも用いた『一人親方調査』である。同調査のうち本章では、主として職歴、就業時間・工期および施工管理・指揮命令に関する聞き取りの内容を用いる。なお『一人親方調査』は、神奈川県に在住する一人親方を対象とした調査である。

神奈川県は、建設産業の市場規模が建設工事出来高ベースで2兆5375億円と東京都に次いで多く、県内で就業する一人親方は3万1687人と県内建設産業就業者の10.9%を占め、全国平均の12.2%とほぼ同じ水準であることが特徴的な地域である[6]。

分析対象を神奈川県内で就業する一人親方に設定した理由は、建設政策研究所(2006)の指摘するように、神奈川県のパワービルダー企業[7]の現場における一人親方の長時間就業が問題になるなど、今日の一人親方の長時間就業をめぐる問題を見る上で、典型的な事例であると考えられるからである。

表4-1　聴き取り対象者一覧

	No	呼称	職種	年齢	請負形態	下請関係	月間就業時間	就業時間／就業日数	長時間就業の事例
手間請	1	A さん	大工	55	手間請	一次下請	216	9 時間 / 24 日	
	4	D さん	左官	53	手間請	三次下請	168	8 時間 / 21 日	
	5	E さん	内装	66	手間請	二次下請	160	8 時間 / 20 日	
	6	F さん	左官	43	手間請	三次下請	180	7.5 時間 / 24 日	
	7	G さん	電工	51	手間請	四次下請	300	12 時間 / 25 日	○
	8	H さん	大工	47	手間請、材料持ち	元請、一次下請	192	8 時間 / 24 日	
	9	I さん	大工	34	手間請	一次下請	200	8 時間 / 25 日	
	11	K さん	塗装	35	手間請	一次, 二次下請	160	8 時間 / 20 日	
	12	L さん	大工	51	手間請	一次下請	250	10 時間 / 25 日	○
	14	N さん	大工	62	手間請	一次下請	192	8 時間 / 24 日	
	17	Q さん	大工	34	手間請	一次下請	180	9 時間 / 20 日	
	18	R さん	大工	71	手間請	一次下請	180	9 時間 / 20 日	
	19	S さん	大工	40	手間請	一次下請	204	8.5 時間 / 24 日	
材料持元請	2	B さん	設備	49	材料持ち	元請	312	12 時間 / 26 日	○
	15	O さん	塗装	59	材料持ち	元請	250	10 時間 / 25 日	○
	16	P さん	大工	61	材料持ち	元請	198	9 時間 / 22 日	
	20	T さん	大工	36	材料持ち	元請	198	9 時間 / 22 日	
材料持下請	3	C さん	配管	65	材料持ち	三次下請	180	9 時間 / 20 日	
	10	J さん	タイル	58	材料持ち	一次下請	204	8.5 時間 / 24 日	
	13	M さん	電工	61	材料持ち	元請、一次下請	180	9 時間 / 20 日	

出所：『一人親方調査』より筆者作成。

表 4-1 は、聞き取り対象者の一覧をみたものである。職種は大工 10 人、電工、塗装、左官が各 2 人、配管、設備、タイル、内装が各 1 人と住宅建築に従事する職種が多い。

平均年齢が 51.6 歳、平均経験年数が 29.4 年である。請負形態の内訳は手間請 13 人、材料持元請 4 人、材料持下請 3 人である。このうち本章では手間請と材料持元請の計17人のデータをもとに、長時間就業の一人親方と長時間就業の状態にない一人親方の比較分析を通じて、一人親方の長時間就業の要因分析を行う。17ケース中、週間就業時間60時間以上の一人親方は4人である。

2　一人親方の下請再編下における長時間就業

本節では、長時間就業の手間請一人親方の特徴を、長時間就業の事例の検討、長時間就業に至らなかった事例の検討を通じて明らかにする。

(1) 長時間就業の手間請一人親方の事例分析

1) 長時間就業の手間請一人親方の事例

最初に取上げる事例は、ケースナンバー7のGさんである。Gさんは、電気工事士で2010年時点の年齢が51歳、経験年数15年、月間就業時間が300時間である。就業形態は手間請で下請関係が四次下請である。Gさんが長時間就業に至るまでの経過を職業経歴よりみていこう。

Gさんは1979年に専門学校卒業後、学校求人で電気会社A社に正社員として就職する。業務は現場監督で6年間、現場監督として就業する。入社6年目に人間関係のこじれからA社を離職する。離職後2ヶ月間の失業を経て、弟の経営する蕎麦屋にアルバイトとして就職する。業務は仕込み、出前持ち、注文取りで1年目は食事3食付の手取8万円だった。蕎麦屋に3年間勤めた後、1988年に知人紹介で横浜市内のパチンコ店に正社員として就職する。このときGさんは29歳であった。入社6年目で横浜本店課長になる。入社7年目の1994年に、同社社長とのいざこざが理由で離職する。このときGさんは36歳であった。

離職後にA社勤務時の取引先だった電気工事会社B社に専属手間請(手伝い)として就職する。B社は、従業員6人の電気工事専門の下請会社で大手住宅会社の下請仕事が主な業務であった。Gさんの業務は、主に戸建住宅の電気工事で労働条件は、1日1.2万円の月25日就労で手取が30万円だった。

入社4年目の1999年にB社に正社員として就業することを希望したが、断られたので、Gさんは屋号を取り、B社の下請として独立し今日に至っている。このとき、Gさんは40歳であった。なお独立当時から材料B社支給の手間請である。40～46歳までは、大手住宅会社C社の二次下請工事をB社の斡旋で1件15万円、年24件請負い、営業上の経費はB社負担で手取30万円だった。就業時間が8～17時、就業日数も月25日を確保でき、仕事からあぶれることもなかったという。C社の仕事の減少を契機に、Gさんが47歳の時に大手住宅会社D社の四次下請の仕事をT社（三次下請会社）の斡旋で請けるようになる。D社の下請工事は、現在まで続きD社仕事を請けるようになってからGさんは、長時間就業に直面することになる。

つまり、Gさんは、学卒後、一時はパチンコ店の課長になるなど階層上昇がみられたが、その後、人間関係のいざこざから離職し手間請の電気工事士になったのち、仕事減による就業の不安定化に直面し、収入を得るためにD社の下請工事を請けるようになったのが長時間就業に至る経緯である。

D社の下請工事は1件27.6万円で年14件請負、手取30万円弱だが営業上の経費の自己負担が年40万円であった。D社の下請工事は、波があり月15日しか仕事を確保できないときもあれば月30日就業することもあったという。D社の工事は、①D社が一次下請会社、二次下請会社を通じてD社に下請工事依頼→②D社からFAXで仕事依頼→③Gさんの受諾→④施工の手順で行われるのが基本であったが、③の手順を経ずに、すなわちGさんの了承なく「発注書のFAXが送られてくる」、つまり仕事を出されることもあったという。

Gさんは D社より仕事を切られた際の生活不安から例え一方的な工事依頼であっても断ることが出来ないという。また工期は短い仕事が多く、就業時間が8～22時に至る事も多かったとのことである。D社下請工事の長時間就業の特徴は、Gさんによれば以下の通りである。カッコ内は筆者が加筆した。

D社は工期がとにかく短いんですよ。工期もこっちの意見は通らない。向かうが一方的に決めるんです。２ヶ月かかる仕事を１ヶ月でやれといってくる。めちゃくちゃですよ。それじゃあ（その工期では）無理ですよといっても、勝手に（仕事を）いれてくるんです。

また工期の締め付けについては以下の通りである。

雨が降ると仕事できないでしょ。でもＤ社は考慮してくれない。雨天の工期延長は認めてくれないんです。進捗管理は現場の大工がしてるんだけど、遅れるとどやされます。プレッシャーですよ。工期は絶対厳守だから休日出勤や残業して何とか間に合わせるしかないんです。それだけしても終わらない時は持ち出し（自己負担）で応援（労務の外注）を入れるんだけど、1日1.5～1.8万払わないといけないから入れたら赤字。だから労働時間が長くなっちゃう。

このようにＧさんが長時間就業を強いられた要因は、工期がＤ社によって一方的に決められ、かつその工期が極めて短いこと、雨天による工期延長が認められていないこと、さらには現場の進捗管理をしている大工からの締め付け、があげられる。また工期が絶対厳守のために、遅れそうな場合は労務の外注を自費で行わないといけないので、それを避けるために長時間就業を余儀なくされている。

次に取上げる事例は、ケースナンバー12のＬさんである。Ｌさんは、大工で2010年時点の年齢が51歳、経験年数33年、月間就業時間が250時間である。就業形態が手間請で下請関係が一次下請である。Ｌさんが長時間就業に至るまでの経過を職業経歴よりみていこう。

Ｌさんは1977年に工業高校卒業後、父の経営する工務店Ｅ社に大工見習の正社員として就職する。Ｅ社の従業員は、社長（父）、長男、Ｌさんの３人で、業務内容は戸建住宅の建築とリフォームであった。Ｌさんは、27歳の時に、長男がＥ社を継ぐことが決まったこととＥ社の仕事がハウスメーカーに取られるようになり経営が悪化したことを背景にＥ社から独立し屋号を取得する。

独立後のＬさんは、知人の紹介でＦ社の専属手間請となり、Ｆ社が倒産する2000年(Lさんが41歳)まで同社の仕事を請けることになる。就業時間は、7:30～18：30の実働9時間で日曜休みだった。また単価と手取の関係は、以下の通りであった。まず27～39歳が坪単価6万円で35坪の新築工事を4棟請けて売上840万円経費等を除いた手取は700万円だった。40～41歳が坪単価5万円で35坪の新築工事を4棟請けて売上700万、手取600万円だった。

しかし、2000年にF社が倒産し、仕事を請けられなくなったので、Lさんは、知人の紹介で不動産建売大手G社の専属手間請となり、今日に至っている。G社から請ける仕事は新築住宅の施工で、初年度の単価と手取は、坪4万円で30坪の新築工事を4棟請けて売上480万、手取400万円であった。しかし、その後は、単価が引下げられる一方で施工棟数が増やされている。すなわちG社専属4年目の2004年に、坪単価が3.3万円に引き下げられて、棟数が5棟に増え、売上495万、手取400万円になり、G社専属8年目の2008年に、坪単価2.77万円に引き下げられる一方で、棟数が8棟に増加し、売上670万、手取500万円となった。また2008年の坪単価引下げと棟数増加はLさんの了承を経ることなく、行われたという。Lさんは、G社の専属手間請をしていた2008年の施工棟数の増加を契機に長時間就業に直面することになる。

つまり、Lさんは、学卒後、父の会社で正社員として働いた後独立し一時は手取年収が700万円に到達するなどしたが、F社の会社倒産によって仕事を失い、収入を得るために請けたG社の下請工事において長時間就業を経験している。G社における長時間就業の特徴は、Lさんによれば以下の通りである。

とにかく棟数が多いんです。1棟を45日であげないといけない。進捗管理をG社社員がしてるんだけど、遅れていると大丈夫なの？って…ならしても1～2時間は長くなった(就業時間が)。今請けてるのはG社だけでしょ。文句言えば仕事を切られる。生活かかってるし、何も言えないのが辛いです。

工期に関しては…

雨降れば出来ないでしょ。そんなのお構いなしで、工期の延長は認めてくれない。そもそも工期が短すぎるのにね。おかしいでしょ。早く終わらせろっていうくせ、日曜とか、三が日、あと GW ね。近隣住民から苦情が来るからとかで（仕事を）するなって。した場合は始末書書かされます。こっちはあげるために必死にやってるのに。

このように L さんが長時間就業を強いられた要因は、工期が一方的に決められていること、工期が短くてもその意見が反映されないこと、雨天による工期延長が認められていないこと、進捗管理による締め付けがあること等である。G さんとの共通点も多い。一方で L さんの場合は、G 社が日曜、三が日、GW の施工を禁止されるなど就業時間に関する拘束もみられるのである。

2) 考察

以上、二つの事例より手間請一人親方の長時間就業に至る経過を記述してきたのであるが、これらを踏まえて、手間請一人親方の長時間就業の特徴を考察しよう。

図 4–1 は、2 事例の長時間就業の要因とその特徴を「受注」段階と「工事開始→終了」段階より整理したものである。図 4-1 より以下の点が指摘できる。

ケース 7 の事例の場合、手間請一人親方は、以前仕事を請けていた C 社の仕事減少を契機に現在の大手住宅企業で D 社の仕事を請けるようになっており、次の仕事があるかわからない状況におかれていた。いわば雇用不安ならぬ請負不安の状態であった。こうした状況のもとで短い工期であっても手間請一人親方は受けざるを得ない状況にあり、加えて工期は元請企業である大手住宅企業 D 社が決定する権限をもっていたことから、大手住宅企業 D 社と手間請一人親方の間には、非対等な力関係が存在していたのである。

こうした非対等な力関係を前提に、大手住宅企業 D 社は、手間請一人親方に対して「2 ヶ月かかる仕事を 1 ヶ月でやるように指示」、「雨天による工期延長を認めない」等の方法で、本来、手間請一人親方が請負工事に必要とする就業時間を保証せず、長時間就業によって工期厳守を強いているのである。ここにケース 7 の手間請一人親方の長時間過密就業の要因がある。

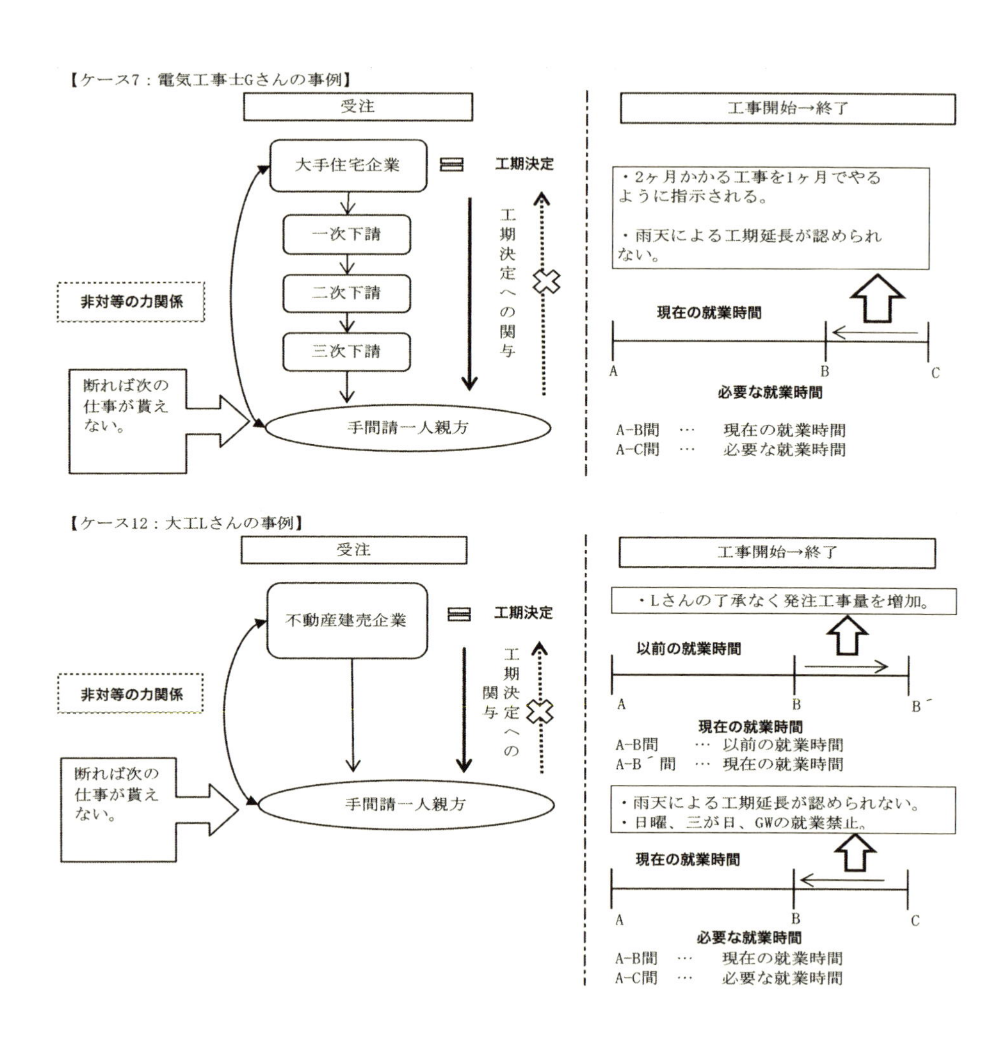

図4-1　手間請一人親方の長時間就業の要因とその特徴

出所：『一人親方調査』より筆者作成。

つまり一人親方と元請企業の間には二重の力関係の差があり、その結果、一人親方は長時間過密就業に直面しているのである。二重とは、第一に、一人親方は次の仕事があるかわからない状況におかれていて、生活費を稼ぐために長時間過密就業の仕事であっても請けざるを得ない状況にあったので、一人親方と元請企業の間に交渉力の格差があったこと、第二に、加えて工期の決定権限を元請企業が握っていたので、元請企業が工期決定の主導権を握っていたこと、という意味である。

ケース12の事例の場合も、ケース7と同様に手間請一人親方が次の仕事を切られる不安から短工期の仕事を請けていた事例である。すなわち手間請一人親方は、以前仕事を請けていたF社が倒産したことを契機に、不動産建売大手G社の工事を専属で請けるようになっており、G社から仕事を切られると、次の仕事があるかわからない状態におかれていたのである。また工期もG社が一方的に決定することが可能となっており、G社と手間請一人親方の間には非対等の力関係が存在していたのである。

こうした非対等の関係を前提に、G社は、手間請一人親方の了承なく、発注工事量（棟数）を増やし、手間請一人親方は長時間就業を余儀なくされているのである。またG社は、1棟あたりの工期は45日で不変にもかかわらず、「雨天による工期延長を認めない」、「日曜、三が日、GWの就業禁止」等の方法で、手間請一人親方に対して、本来、手間請一人親方が必要とする就業時間を保証せず、長時間就業によって工期厳守を強いているのである。この2点がケース12の手間請一人親方の長時間過密就業の要因である。

すなわち、ケース12の事例の長時間過密就業の要因は、ケース7と同様といえる。

(2) 長時間就業に至らなかった手間請一人親方の事例分析

ここまでの考察を踏まえれば、長時間就業の手間請一人親方は、断れば次の仕事が貰えないという不安のもとで、元請企業が決めた工期で工事を請けざるを得ない状況におかれており、こうした元請企業との非対等な力関係を前提に、元請企業によって長時間過密就業を強いられているということがわかる。

とすれば、長時間就業に至らなかった手間請一人親方は元請企業と非対等な関係におかれていないので長時間就業に至らなかったと仮説を立てられる。実際はどうであろうか。この点を、事例分析をもとに考察する。

表4-1より長時間就業に至らなかった手間請一人親方の事例は11ケースあり、このうちケース5とケース18の手間請一人親方は年金を受給しながら就業しており、意図的に就業時間・日数を短くしている可能性があるので検討対象から除く[8]。残りの9ケースの職種は、大工6人、左官2人、塗装1人である。本章では、このうち大工2ケース(No.1、No.17)、左官1ケース(No.4)、塗装1ケース(No.11)の4ケースを取り上げ考察する。

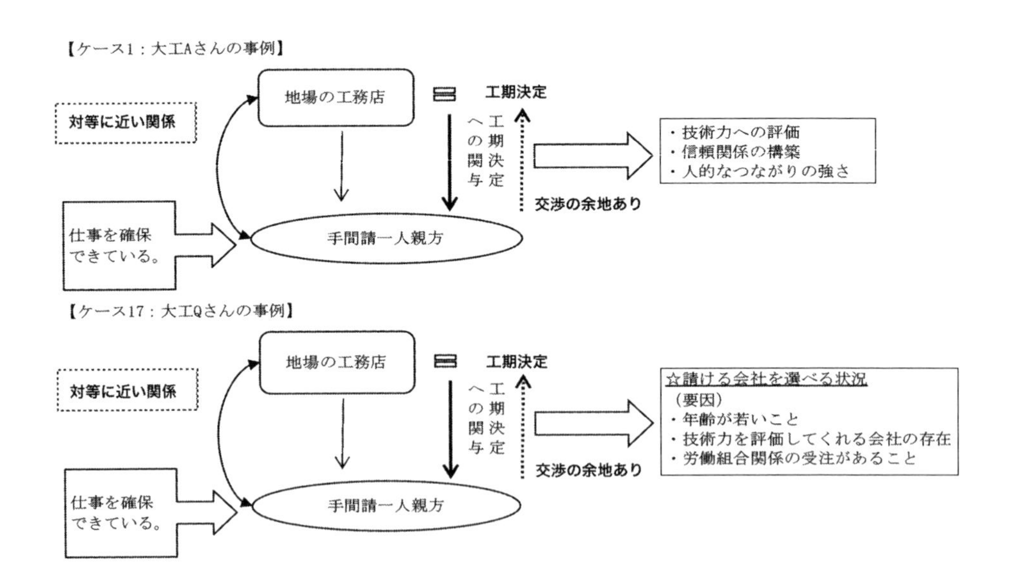

図4-2　長時間就業に至らなかった手間請一人親方の事例群（1）

出所：『一人親方調査』より筆者作成。

図4–2 はケース1とケース17の長時間就業に至らなかった要因を元請企業との非対等な力関係の有無という観点から図に示したものである。

ケース1の手間請一人親方（Aさん、55歳）は、地場の工務店H社の一次下請として就業する大工である。Aさんは、福島県内の中学校を卒業後、上京し縁故で兄の経営する工務店に大工見習として就職する。その後、兄の経営する工務店で30歳まで就業した後に、より高い給料を出すからと、他の工務店から引き抜きがあり、職場を変える。その後、親戚の経営する工務店にさらにより条件をだすという条件で就職する。この時、Aさんは38歳であった。そしてAさんが42歳のときに親戚の経営する工務店の経営悪化を背景に解雇され、その後、2年間、個人請負の手伝いとして就業した後に、これまで工務店で働く中で繋がった元請を顧客に独立し、今日に至っている。

請負う工事は、以前は戸建住宅の新築工事のみであったが、現在は新築工事が減り、2年前からリフォーム工事で生計を立てているとのことである。リフォーム工事を請けるようになってからは次の仕事がないということはなくなり、平均で月24日就業と仕事は確保できているとのことである。また現在リフォーム工事を請けている工務店は、3～4社でいずれも10～20年近くの付き合いがあり、Aさんの技術力への評価と信頼関係が構築されているとのことであった。

Aさんは、工期決定において、仕事を確保できていること、技術力への評価および信頼関係の構築を背景に、元請企業と、雨天による工期延長や短工期の工事は請けない等、一定の自立性を有し、対等と行かないまでの対等に近い関係を築いているのである。ここにAさんが長時間就業に至らなかった要因がある。

なおAさんが長時間就業に至らなかった理由は、元請企業が良心的であったから、ということではない。「リフォーム工事は細かいところとか、収まり具合というか、やっぱり経験と技術がいるんです。（元請企業が）他から見つけてくるより、自分を使ったほうがいいって思えるような仕事をしている自負はあるね」（カッコ内筆者加筆）とAさんがいうように、元請企業にとって利益になるような技術を A さんが有しており、それを施工で発揮できるので、元請企業は、工期延長や短工期の仕事は出さないという譲歩をしつつも A さんを活用しているのである。

ケース 17 の手間請一人親方（Q さん、34 歳）は、地場の工務店 I 社の一次下請として就業する大工である。Q さんは、横浜市内の高校を卒業後、父親の紹介で工務店 J 社に大工見習として就職する。その後、J 社での人間関係のこじれから父親が手間請として就業する K 社に社員として就職する。この時、Q さんは 21 歳であった。その後、Q さんが 31 歳のときに、K 社の経営悪化に伴い、解雇される。

Q さんは解雇後、手間請一人親方として独立することを決意し、10 社近くの会社に個人請負として就業し、また Q さんが関わっている労働組合を通じた工事受注を通じて、人脈を作っていく。また年齢が若いことから、東京ディズニーランドのアトラクションの夜間工事に入るなど、精力的に働いたという。

その結果、現在は次の仕事が決まらないということはなく、仕事を確保できているという。Q さんは、仕事を確保できているがゆえに、「一般的に工期が短いからハウスメーカーの仕事は請けないですね」、「雨降ったら、今請けている会社さんには、工期延ばしてもらってます」というように、短工期の工事を出す会社の仕事は請けない、雨天による工期延長は交渉し認めてもらう等、工期決定に一定の関与を行っているのである。

また「最初（独立当初）は大変でした。名前を覚えて貰うところから始まって、…会社もいろいろあるんです。機械を導入したりして効率主義のとこ、機械は邪道でカンナかけからきっちりやるところ、だから会社に必要な技術を磨いて対応できるようにする、そうやって続けていくうちに名前を覚えて貰えました。（技術を）評価して貰えていると思います。」（カッコ内筆者加筆）というように、元請企業が Q さんの技術力を評価していることも、Q さんが工期決定への関与を行える要因の一つとなっているのである。

つまり、Q さんは、A さんとは異なり、複数の元請企業から工事を請負っており、各元請企業のニーズにあった施工を行った結果、複数の元請企業と良好な取引関係を構築できている。その結果、長時間就業を前提とする工事を出す企業からの仕事は請けないといった強気の行動をとれ、このことが長時間就業を回避する要因となっているのである。

このようにケース1とケース17の場合、元請企業と手間請一人親方は、工期決定において、元請企業が手間請一人親方の技術力を評価し、また手間請一人親方が仕事を確保できているので、対等に近い関係が見られ、その結果、手間請一人親方は長時間就業を回避できているのである。

一方で、手間請一人親方が仕事の確保や工期決定への関与を行わずとも、長時間就業を回避している場合がある。それがケース4とケース11の事例である。**図4–3**はケース4とケース11の長時間就業に至らなかった要因を元請企業との非対等な力関係の有無という観点から図に示したものである。

ケース4、11がケース1、17と異なる点は、ケース4、11の手間請一人親方が下請会社の指揮命令のもとで労働者として就業し、その下請会社が一人親方の仕事および就業時間を確保している点である。つまり、請負にもかかわらず元請企業が指揮命令するというこれ自体、偽装請負なのであるが、それはひとまずおいておいて事例をみていこう。

ケース4の手間請一人親方(Dさん、53歳)は、中堅住宅企業の二次下請会社L社の指揮命令のもとで、労働者として(契約上は外注)就業する左官である。Dさんは、35歳からL社で職長の社員として就業してきたが、40歳の時に、L社の経営悪化を理由にDさんは源泉徴収がされなくなり、L社の専属手間請となる。専属手間請となって以降も、それ以前と働き方に変化はなく職長として働いている。

ここで重要なのはL社がDさんの仕事を1日あたり9-18時で確保しているということである。それ故に、Dさんはケース1、17の手間請一人親方のように、仕事確保や工期決定への関与を行う必要がなくなっているのである。つまりDさんが長時間就業に至らなかった要因は、Dさんの所属するL社が1日あたり9-18時の就業時間の工事を元請企業との交渉によって確保することが出来ているからといえよう。

ケース 11 の手間請一人親方（K さん、35 歳）は、地場工務店の一次下請会社 M 社の応援（労務外注）として就業する塗装工の事例である。K さんは横浜市内の高校を卒業後、26 歳までペンキ屋の社員として就業するが、賃金が低いこと、結婚し子供が生まれ収入を増やす必要に迫られたことを理由に、27 歳で手間請一人親方として独立する。その後、29 歳からは地場工務店の一次下請会社 M 社の応援（労務外注）として就業するようになる。

この応援というのは、M 社から 1 日 1 万 7000 円（交通費、ガソリン代等の諸経費および社会保険料は自己負担）で 8-17 時の決められた時間、M 社の指揮下で

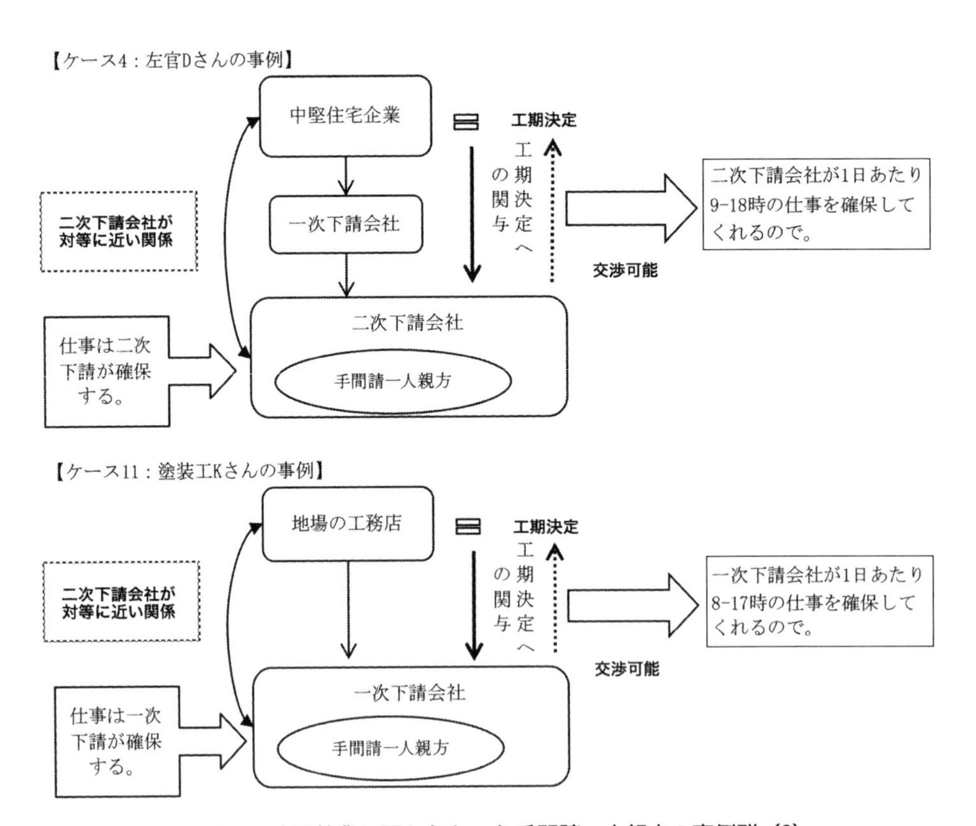

図4-3　長時間就業に至らなかった手間請一人親方の事例群（2）

出所：『一人親方調査』より筆者作成。

働くというものであり、Kさんのケースも D さん同様に偽装請負の事例である。Kさんの売上の9割は M 社の応援で占められており、収入の主たる基盤となっている。

つまりKさんは、M 社が仕事確保と工期決定を行うので、Dさんと同様に、仕事確保や工期決定への関与を行う必要がなくなっているのである。このことからKさんが長時間就業に至らなかった要因は、Kさんが応援として就業するM社が1日あたり8-17時の就業時間の工事を元請企業との交渉によって確保することが出来ているからである。

ここまで長時間就業に至らなかった手間請一人親方の事例分析を行ってきた。その結果、以下の2点が明らかになった。第一に、手間請一人親方は、工期決定に関して元請企業と交渉の余地のある状況にあり、それが長時間就業を回避できる要因となっていること、第二に、手間請一人親方は、所属する会社が長時間就業を前提としない工期で仕事を請けられる場合に長時間就業を回避できていること、の2点である。

3　材料持元請の一人親方における長時間就業

前節では、建設産業の近代化が進む中で、企業がコスト削減を図る目的で、意図的に産み出され、増大してきた手間請一人親方の長時間就業の要因分析を行ってきた。ところで手間請一人親方が増大する一方、従来の一人親方の請負形態である材料持元請も一人親方の一部分を形成している。その割合は、3章での分析によれば、東京で一人親方の2割弱である。

材料持元請の一人親方は、施主あるいは企業から自ら工事を請けるので、先に見た手間請一人親方のように元請企業との非対等な関係によって、長時間就業に直面するといった状況は考えられない。ならば、材料持元請の一人親方の長時間就業を規定している要因は何であろうか。

本節では、この規定要因を、長時間就業の事例の検討、長時間就業に至らなかった事例の検討を通じて明らかにする。

(1) 長時間就業の材料持元請一人親方の事例分析

1) 長時間就業の材料持元請一人親方の事例

取上げる事例はケースナンバー2の材料持ちのBさんである。Bさんは、設備士で2010年時点の年齢が49歳、月間就業時間が312時間である。就業形態が材料持ちの元請である。Bさんが長時間就業に至るまでの経過を職業経歴よりみていこう。

Bさんは、1983年に大学卒業後、上京し、神奈川県内の信号器材メーカーに就職する。入社4年目のときに、交際していた女性の父親の経営する設備会社N社に正社員として就職する。N社は、式場や工場のボイラーの元請工事をメーンとする会社で、従業員は、社長、Bさん、職人2人、事務経理2人であった。労働条件は、8:30～18:00の週6日勤務で初任給が20万円だった。なお賃金はその後毎年1万円ずつ上がった。

Bさんは、入社4年目まで見習として現場に出ていたが、入社5年目からは、N社を継ぐために、日中は現場に出て、出勤前と夕食後に見積書、請求書の作成方法を学ぶようになる。そして入社15年目のBさんが41歳の時に、N社の取締役社長に就任する。なおBさんが社長就任時のN社の業務は、それまでの主力業務であったボイラー工事が殆んどなくなり仕事が不安定になっていたという。Bさんは、こうした状況への対応として、給排水、トイレ改修、厨房改修、結婚式場改修、池のろ過等の請負う工事の種類の増加を図り、「24時間いつでも対応を！」で営業し、仕事を確保していた。

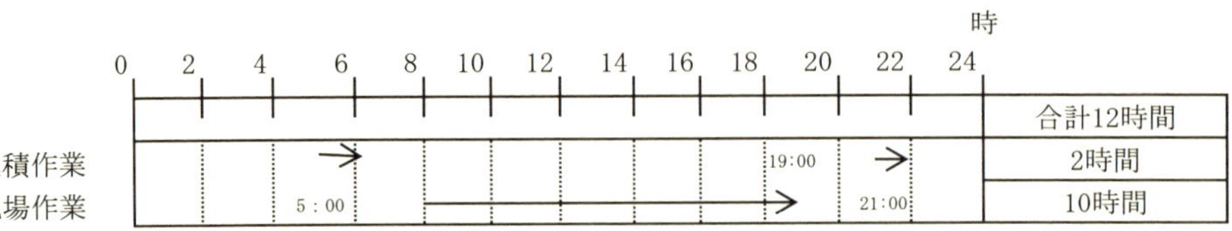

図4-4 Bさんの1日のタイムスケジュール

注）現場作業時間は8-19時（休憩1時間）の実働10時間
出所：『一人親方調査』より筆者作成。

Bさんは、社長就任から今日に至るまで現場に出るだけでなく見積、設計も行っていたので常に就業時間は長くなる傾向にあったが、工事種類の増加によって見積、設計に費やさねばならない時間が増加したことは、Bさんの就業時間の増大に一層の拍車をかけることになった。

社長就任後のBさんの一日の基本的なサイクル（**図4-4**を参照）は、5時起床、6時まで見積、図面等の作成、7時に自宅を出て8～19時まで現場に出る。帰宅して夕食をとった後に、22時まで見積、図面等の作成を行うというもので、自宅での業務を入れると実働12時間であった。また室内改修の仕事は土日や夜勤が多いので土日や夜間も仕事に出ることが多かったという。こうした長時間就業の結果、Bさんは、体調を崩し社長就任9年目の2010年にN社を廃業する。なお社長就任後の月収は、就任初年度が手取40万円、2年目から5年目が手取60万円、6～7年目が手取30万円、廃業前年が手取50万円であった。

Bさんは、N社を廃業した後、体調回復に伴い、屋号を取得しN社時の得意先を顧客に個人で設備業を開業している。就業形態と1日のサイクルは、廃業前と変わらないという。

つまりBさんは、学卒後、正社員就職を経て、転職した就職先で経験を積み社長に就任するが、収入のコアを占めていた工事がなくなり、収入が不安定になったことへの対応として、24時間対応の受付と請負う工事の種類を増やした。その結果、見積、設計に費やす時間が増加し就業時間の長時間化に直面したのである。

一方でBさんは材料を持ち、施主、企業から自ら工事を請けており、工期も自ら決定していた。つまり、Bさん自身が元請なので、先に検討した手間請一人親方のように元請企業から長時間就業を強いられるということはなかったのである。Bさんが長時間就業に直面した理由は、請負工事の確保を目的とした受付業務時間[9]、見積時間の延長にあるといえる。

次に取上げる事例は、ケースナンバー15のOさんである。Oさんは、塗装工で2010年時点の年齢が59歳、月間就業時間が250時間である。就業形態が材料持元請である。Oさんが長時間就業に至るまでの経過を職業経歴よりみていこう。

Oさんは、1969年に富山県内の高校卒業後、親戚の紹介で東京都内の塗装会社O社に住み込みの正社員として就職する。O社の業務内容は住宅塗装の下請工事で、従業員は、社長、職人3人、Oさん、経理1人の計6人であった。しかし、O社の月収は1万7千円でうち5千円が部屋・食事代として引かれ手取は1万2千円と低かったのでOさんは、収入増を求めて21歳の時に横浜市内の塗装会社P社に知人の紹介で就職する。就職時にOさんは月収7万円を希望していたが、実際に受け取った賃金は12万円で満足したとのことであった。P社にその後35歳まで勤め、36歳の時に独立する。なお独立直前の年収は400万円だった。

独立したきっかけは特にないとの事で、Oさんによれば、P社からいずれ独立するものと教えられており、自然の流れで独立したという。就業形態は、材料持元請で今日に至っている。また独立初年度の取引企業は4～5社であったが、今現在は13～15社と取引している。業務内容は戸建新築工事の塗装工事、リフォーム工事、市水道局発注の外壁工事等である。

月25日就業で8～19時に現場に出て、帰宅後に見積書を作成するとのことである。また雨天等で工期が遅れた場合は、日曜出勤や残業等で対応しているとのことである。

Oさんは、近年、徐々に就業時間が長時間化してきているという。その理由をOさんの発言からみていこう。

2000年くらいからかな。今までは、だいたいの金額とかわかるし見積書とか作らなくてもよかったんだけど、この頃から相見積もりの仕事が増えてきた。積算金額はわかってるんだけど、他社との競争とかで見積書を作成しないといけなくなった。一度で終わればいいけど単価削減の圧力もあって何度も作ることもある。だいたい年40（件）くらい仕事請けてるから、結構長くなったよ（就業時間が）。

また就業時間の管理について下記のような特徴があるという

最近取引しているとこなんだけど、その会社から現場監督が来る。元請でやってるから今までそんなことなかったんだけど、雨とかで遅れることあるでしょ。終わるのか？みたいなこと言われたりして、遅れないようにしたら帰るのが8時、9時とかになったわけよ。締め付けっていうのかな、昔はそんなことなかったのにね。

つまりOさんは、学卒後、正社員就職を経て、自然の流れで独立し、徐々に取引会社を増やし事業を営んでいくのであるが、2000年頃から仕事を取るために見積書の作成時間が増え、その結果、長時間就業に直面している。つまり、OさんはBさん同様に、元請なので、自ら工期を決定できる立場にあるが、現場作業時間以外の業務量が増加したことによって長時間就業に直面しているといえる。

2) 考察

以上、二つの事例より材料持元請の一人親方が長時間就業に至る経過を記述してきたのであるが、これらを踏まえて、材料持元請の一人親方の長時間就業の特徴を考察しよう。

図4-5は、2事例の一人親方が長時間就業に至る経過を時系列でみたものである。図4-5より以下の点が指摘できる。

ケース2の事例の場合、材料持元請の一人親方は収入のコアを占めていた企業との取引がなくなったことを契機に、仕事確保の目的で、受付業務時間の延長および請負う工事種類の増加をはかり、その結果、見積に費やす時間が増大し、就業時間の長時間化が進んだのである。

ケース15の事例も、ケース2の事例と同様に見積作業時間の増大が就業時間の長時間化をもたらしている。見積作業時間が増大した理由は、他社との受注獲得競争圧力が強まる中で、仕事を取るために見積書の作成時間が増えたことにある。これは裏を返せば、受注競争に勝ち抜かなければならないほどに仕事の確保が困難になっていることを意味していよう。

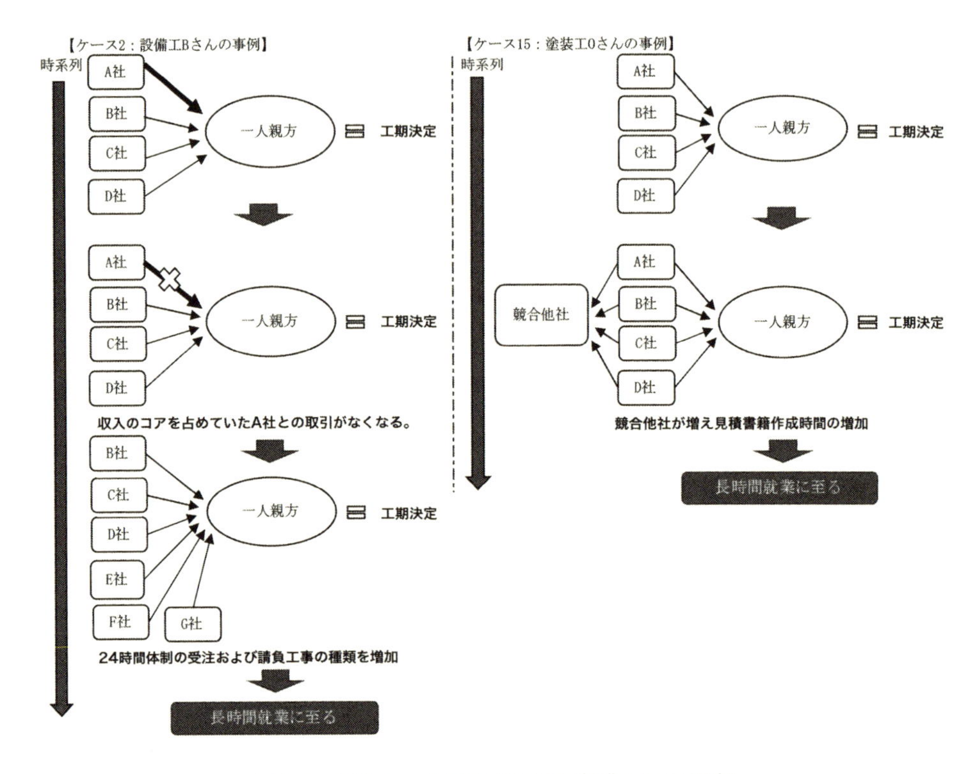

図4-5　従来の一人親方が長時間就業に至る過程
出所：『一人親方調査』より筆者作成。

(2) 長時間就業に至らなかった従来の一人親方の事例分析

前項における考察を踏まえれば、材料持元請の一人親方は、自ら工事を請けるので、工期を自ら決定できる立場にある一方で、仕事確保の必要から、受付業務時間の延長や見積書類作成時間の増大が生じており、こうした現場作業時間以外の就業時間の延長が長時間就業をもたらしていることを明らかにした。

以上の考察を踏まえれば、材料持元請の一人親方が仕事を確保できているなら、受付業務時間の延長や見積書類作成時間の増大を行う必要はないので長時間就業に至ることもないと考えられるが、実際はどうであろうか。この点を事例分析をもとに考察する。

表4-1より長時間就業に至らなかった材料持元請の一人親方の事例は、ケース16とケース20の2事例である。この2事例を考察しよう。**図4-6**は、この2事例を長時間就業に至らなかった要因という観点から図で示したものである。

ケース16の材料持一人親方（Pさん、大工）は、材料を持ち自ら工事を請ける大工である。Pさんは、横浜市内の中学校を卒業後、父親の紹介で工務店に住み込みの大工見習として就職する。その後、27歳の時に、独立し、材料を持ち戸建新築工事を自ら請負う大工として就業する。2000年以降（Pさんが51歳）は戸建新築工事のほかにリフォーム工事も請けるようになり、現在までに次の仕事が決まらないということはなく、仕事を確保できているという。仕事を確保できているので、受付業務時間の延長や見積書類作成時間の増大を行う必要もなく長時間就業を回避できているのである。

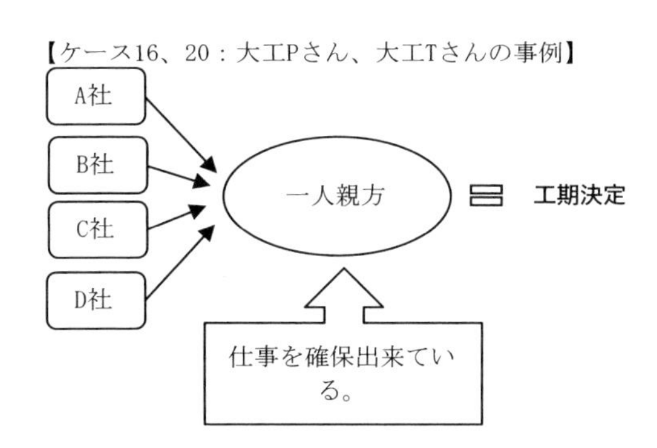

図4-6　長時間就業に至らなかった従来の一人親方の事例
出所：『一人親方調査』より筆者作成。

ケース20の材料持一人親方（Tさん、36歳）は、材料を持ち自ら工事を請ける大工である。Tさんは、高校卒業後、ものづくりに興味があり、父親の紹介で工務店Q社に大工見習として就職する。その後、Tさんが26歳のときにQ社の経営が悪化して、解雇される。その後、Tさんは細切れで工事を請けながら、ハローワークで再就職先を探すのであるが、その過程で、社員ではなく個人として独立したい[10]と考えるようになり、Tさんが33歳の時に、Q社で働き、その後細切れの工事を請負っていた際につくった人脈を顧客に独立する。

独立後は、リフォーム工事を直に請負う一人親方として就業し今日に至る。現在までに次の仕事が決まらないということはなく、仕事を確保できているとのことである。またPさんと同様に、仕事を確保できているので、受付業務時間の延長や見積書類作成時間の増大を行う必要もなく長時間就業を回避できているのである。

以上のように長時間就業に至らなかった材料持元請の一人親方の事例分析を行ってきた。その結果、材料持元請の一人親方は、仕事を確保できている場合に、受付業務時間の延長や見積書類作成時間の増大を行う必要もないので長時間就業に至ることもないことが明らかになった。

4　小括

4章では、長時間就業の一人親方の特徴を長時間就業の状態にない一人親方との比較分析を通じて、手間請と材料持一人親方に分けて、明らかにしてきた。明らかになった点は以下の通りである。

第一に、長時間就業の手間請一人親方の特徴は、次の仕事があるかわからない、工期決定も元請企業が決めるという非対等な力関係のもとで、請負工事に必要とされる就業時間を保証されず、長時間就業による工期厳守を強いられていることである。

第二に、長時間就業に至らなかった手間請一人親方の特徴は、二つあり、一つが、仕事を確保できており、技術力への評価、元請企業との信頼関係が構築されているので、工期決定への一人親方の関与が可能であり、長時間就業を回避できていること、二つが、手間請一人親方の所属する企業が長時間就業を前提としない工期での一人親方の仕事確保を行っているので、長時間就業を回避できていることである。

第三に、長時間就業の材料持元請の一人親方の特徴は、工期は自分で決めることができるが、次の仕事があるかわからない状況なので、受付業務時間の延長や見積書作成時間の増大によって長時間就業に至っていること、逆に長時間就業に至らなかった材料持元請の一人親方は、仕事を確保できているので、受付業務時間の延長や見積書作成時間の増大をする必要がなく長時間就業を回避できていることである。

第四に、以上のことを踏まえれば、手間請と材料持元請という契約形態は異なれど、一人親方は次の仕事があるかわからないという雇用不安ならぬ請負不安のもとで長時間就業を受け入れざるを得ない状況におかれていることである。逆に長時間就業に至らなかった一人親方の事例では仕事を確保できていることが明らかになった。

以上のような実態を踏まえれば、長時間就業の一人親方は、不安定就業としての一人親方に相当すると考えられるのである。

【注】

1　日本の労働者の長時間労働に関する研究は非常に多いが、そのうちいくつかを挙げれば、小倉・坂口(2004)、小倉(2007)、小倉(2008)、川人(2006)、玄田(2005)、森岡・川人・鴨田(2006)、鷲谷(2010a)、鷲谷(2010b)などがある。
2　和田(2002)を参照。
3　2010年の『国勢調査』から就業時間に関する設問がなくなっているので2010年の週間就業時間60時間以上割合を『国勢調査』から確定することは出来ない。
4　松村(2013)は、被雇用者3名と独立自営業者1名の計4名の建築士の事例分析を通じて、建築士の自己実現志向、愛他的精神及びクリエイティブ志向が長時間就業をもたらす要因となっていることを明らかにしている。
5　調査の概要に関しては本研究の最後に収録した「調査の概要」のうちの『一人親方調査』を参照されたい。
6　建設工事出来高は、国土交通省(2012)『建設総合統計』に、一人親方数は、総務省(2010)『国勢調査』の雇人のない業主に基づく数値である。

7 建設政策研究所(2006)によれば、パワービルダー企業とは、大手戸建分譲住宅会社を指し、バブル崩壊後の土地利用規制や建築規制の緩和が進む中で、安価で土地を取得し分譲する住宅建設全てを外注化することによって、年間数千棟の木造住宅を量産し近年急成長した企業である。同研究所は神奈川県内のパワービルダー企業の現場で働く一人親方の就業時間が他の現場と比較して長いことが問題となっていることを指摘している。

8 ケース5の一人親方は、年金を月額8万円受給しており、一人親方いわく「なければ(就労所得が)生活出来ないけど、年金がある分、差し迫っているわけではないです。ある程度選んでますよ(仕事は)」とのことである。またケース18の一人親方も年金を月10万円受給しており、一人親方いわく「現役のときよりは多少は気楽にやってます」とのことである。したがってこの2ケースは検討から除いた。

9 ここでいう受付業務時間とは、工事の依頼の電話に出てから電話を切るまでの時間を指すものとして用いている。また電話を切ったあと、見積書を作成する時間は見積時間となる。

10 Tさんの言葉を借りれば、「社会の歯車で終わる人生ではなく、やりがいのある仕事をしたいと思った。つまり独立です。」とのことである。

第5章　不安定就業としての一人親方の量的把握およびその特徴

1　問題設定

これまで1章から4章にかけて、加藤(1987)の規定した不安定就業指標のうち①就業が不規則・不安定であること、②賃金ないし所得が極めて低いこと、③長労働時間あるいは労働の強度が高いこと、に相当する一人親方の分析を行ってきた。その結果、以下の点が明らかになった。

1章では現に少なくとも一人親方の4割強が生活保護基準以下賃金であることを実証し、2章では一人親方世帯の家族賃金の生計費補完機能の弱さを実証することによって、世帯レベルで見ても保護基準以下の一人親方世帯が賃金ベース時とほぼ同様の割合で存在していることを明らかにした。これによって、保護基準以下賃金の一人親方は不安定就業としての一人親方と規定できることが明らかになった。

3章では、かつて一人親方の代表的な請負形態であった材工共元請は、東京では一人親方の2割弱を占めるに過ぎず、一人親方の就業構造の変化、一人親方の窮迫的自立の増加、コスト削減等を目的とした企業による活用の増加を背景に、企業の下請として就業する一人親方が増大していること、そして、このような一人親方の下請化が進展する中で、企業の生産変動に応じて、就業が不安定となり、賃金が保護基準を下回る一人親方が生み出されているといえることが明らかになった。つまり、一人親方は、下請かつ生活保護基準以下の賃金である場合に就業が不規則不安定と言え、したがって不安定就業としての一人親方と規定できることが明らかになった。

4章では、長時間就業の一人親方の特徴を長時間就業の状態にない一人親方との比較分析を通じて、手間請と材料持一人親方に分けて、明らかにした。その結果、一人親方は次の仕事があるかわからないという雇用不安ならぬ請負不安のもとで、その表れ方は手間請と材料持元請で異なれど、長時間就業を受け入れざるを得ない状況におかれていることが明らかになり、こうした実態を踏まえれば、長時間就業の一人親方は、不安定就業としての一人親方に相当すると考えられることが明らかになった。

以上のことを踏まえれば、賃金あるいは報酬の最低限が定められていないもとで、企業による低賃金の一人親方活用が進展し、保護基準以下賃金の一人親方が生み出されているので、保護基準以下賃金である場合に、「賃金ないし所得が極めて低いこと」という不安定就業指標に該当するといえる。

また一人親方は次の仕事があるかわからない中で、長時間就業を受け入れざるを得ない状況におかれていることから週就業時間60時間以上を越える一人親方は不安定就業であるといえ「長労働時間あるいは労働強度が高いこと」という不安定就業指標に該当するといえる。

さらに一人親方の下請化が進展する中で、企業の生産変動に応じて、就業が不安定となり、賃金が保護基準を下回る一人親方が生み出されているといえることから下請かつ保護基準以下である場合に、「就業が不規則不安定であること」という不安定就業指標に該当する、といえるのである。

これらのことを踏まえて、5章の目的は、第一に、『賃金調査』の個票データより不安定就業の一人親方割合を推計し、またその特徴を明らかにすること、第二に、さらにこうした近年における一人親方の不安定就業の現状を事例分析からより具体的に考察すること、である。

2　不安定就業としての一人親方の量的把握

最初に、不安定就業としての一人親方割合の推計方法を行っていく。1章から4章で明らかにした点を踏まえれば、不安定就業としての一人親方とは

図 5–1 のように定義できる。すなわち不安定就業としての一人親方は、指標②に該当する保護基準以下の一人親方（この中に指標①に該当する一人親方が含まれる）と指標①、指標②の外側にいて指標③に該当する週就業時間 60 時間以上の一人親方の合計といえるのである。

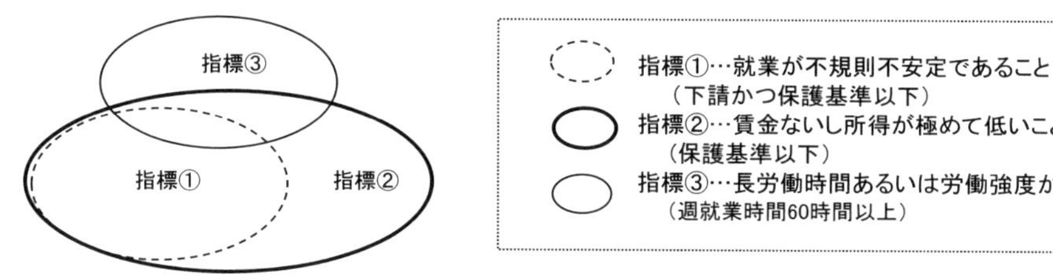

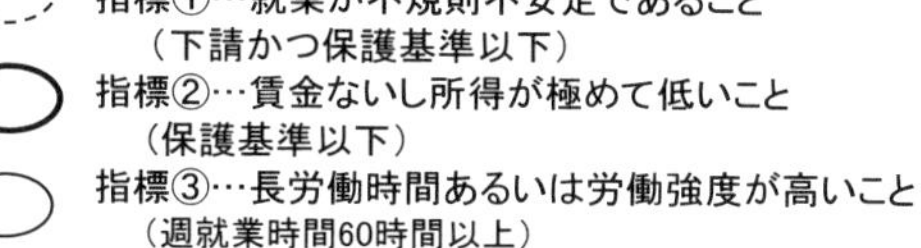

図5–1　不安定就業の一人親方の概念図

出所：筆者作成。

5 章ではこの不安定就業としての一人親方の定義に基づいて『賃金調査』より賃金が保護基準以下の一人親方と賃金は保護基準よりも多いが週就業時間が 60 時間以上の一人親方を不安定就業としての一人親方とし、その割合を推計する。なお詳細な推計プロセスは、**図 5–2** の通りである。

図 5-2 より不安定就業としての一人親方の推計プロセスは、以下の通りである。用いる資料は『賃金調査』の個票データで、2001 年から 2014 年のデータである。この個票データのうち働き方が、手間請、材料持元請、材料持下請と回答した者のデータを一人親方のデータとして用いる。

『賃金調査』からは、一人親方の認定収入の算出に必要な賃金日額、就業日数および経費の値と週就業時間 60 時間以上の一人親方の把握に必要な就業時間のデータを用いることとする。

また月当たり賃金は賃金日額に就業日数を乗じた値を消費者物価指数で実質化したものを用いる。経費も同様に消費者物価指数で実質化したものを用いる。消費者物価指数で実質化した理由は、物価変動の影響を考慮するためである。なお各年の保護基準と月賃金を比較する方法もあるが、この方法と

- **生活保護基準額**（標準3人世帯を想定）

生活扶助第Ⅰ類	10万6,890円
生活扶助第Ⅱ類	5万3,290円
住宅扶助特別基準額	6万9,800円
児童養育加算	5,000円
教育扶助	0円
合計	23万4,980円

- **月当たり賃金＝100×（賃金日額×就業日数）／消費者物価指数**
- **経費＝100×経費／消費者物価指数**
- **経費項目：電車・バス代＋ガソリン・燃料代＋現場の駐車場代＋高速料金＋作業・安全用品＋釘・金物代**
- **認定収入＝月当たり賃金－経費－（基礎控除×0.7）**
- **一人親方＝手間請＋材料持元請＋材料持下請**

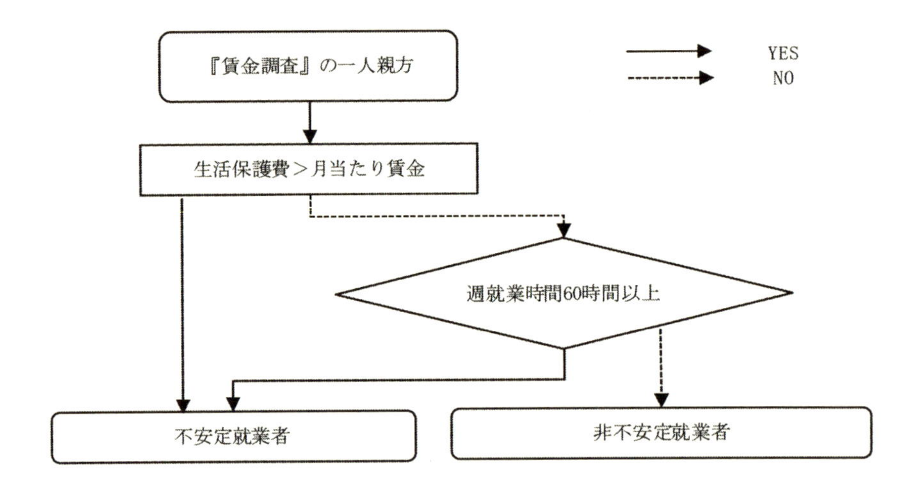

図5-2　不安定就業としての一人親方の推計方法

注）消費者物価指数は、総務省『消費者物価指数』のデータを用いた。なお消費者物価指数は2010年基準のものである。
出所：筆者作成。

消費者物価指数で実質化する方法での不安定就業者割合の差は、2001年と2014年が7%ポイント台であるが、他の年は、±1%ポイントの範囲内であり、大きな差は見られなかった。したがって、本論文では消費者物価指数で実質化する方法を用いる。

認定収入の算出式は以下の算出式Aの通りである。なお本来は算出式Bが認定収入といえるのであるが、社会保険料、税金、家族収入は『賃金調査』から把握できないので算出に含めていない。それ故に一人親方の認定収入は実態よりも過大になっており、したがって本研究における不安定就業者としての一人親方の推計は実態よりも過少になる可能性がある。なお基礎控除に0.7を掛ける理由は、厚生省「生活保護法による保護の実施要領について」(昭和38年4月1日　社発第246号)の「第8　保護の決定」において保護の要否判定における総収入とは、収入を得るための必要経費の実費及び勤労に伴う必要経費のうち基礎控除額に70%を乗じて得た額を控除した額」と通達されていることによる。

算出式A…認定収入＝月当たり賃金－経費－(基礎控除×0.7)

算出式B…認定収入＝月当たり賃金－経費－(基礎控除×0.7)－社会保険料－税金＋家族収入

次に生活保護基準額であるが、『賃金調査』より一人親方世帯の一人親方以外の世帯員の年齢のデータが得られないので、一人親方の世帯員の年齢がわからない。そこで、生活保護基準額は、標準3人世帯のものを用いることとする。金額は図5-2にあるとおりで23万4,980円である。以上の作業を行ったのち、不安定就業としての一人親方は、図5-2の右図チャートの通りに算出した。

図5-3は、以上の推計作業に基づいて、不安定就業としての一人親方割合を算出し、その2000年代における推移を示したものである。図5-3を見ると東京における不安定就業としての一人親方割合は、2009年と2010年を除いて、概ね3割から4割弱の割合で推移していることがわかる。つまり、首都東京

において一人親方の3人に1人は不安定就業といえるのである。

なお2009年、2010年の不安定就業としての一人親方割合がとりわけ高くなっている理由は、この2年間の賃金が低下していることによる。すなわち「文末資料：調査の概要と特徴」の表7より、一人親方の月当たり賃金は、2009年が31万6,516円、2010年が31万2,379円なのに対して、それ以外の月の平均月あたり賃金を計算すると、35万4,843円となり、2009年で3万8,327円、2010年で4万2,464円も開きがある。後に明らかにするように、不安定就業としての一人親方の主要な部分は、生活保護基準以下の一人親方である。したがって、賃金が低ければ、不安定就業としての一人親方も増大するのである。

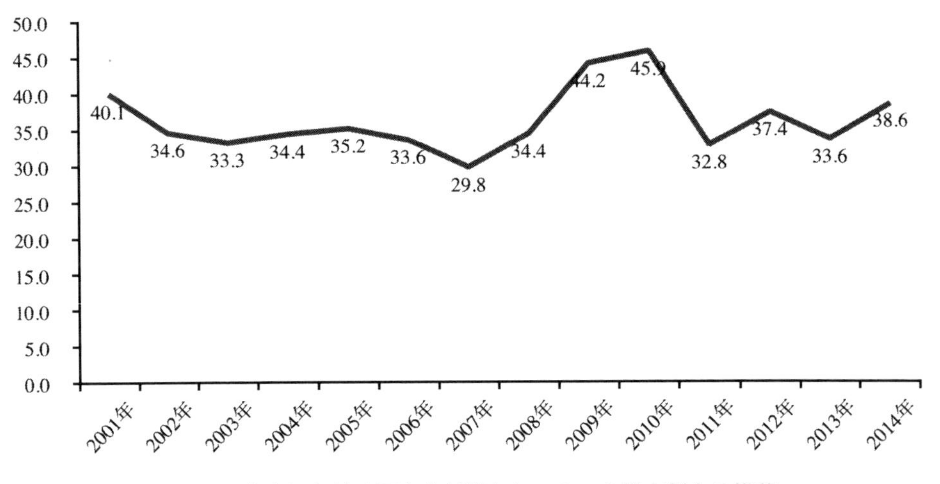

図5–3　東京における不安定就業としての一人親方割合の推移

注）推計方法は図5-2を参照。
出所：全国建設労働組合総連合東京都連合会『賃金調査』の個票データより筆者作成。

では不安定就業としての一人親方のうち、指標①から③のどの不安定就業指標に該当する一人親方がどの程度の割合で推移しているのだろうか。**表5–1**は、不安定就業指標別にみた不安定就業としての一人親方数および割合の推移をみたものである。表5-1をみると、以下の点が指摘できる。

表5-1　東京の不安定就業指標別にみた不安定就業としての一人親方数および割合の推移　　単位：人、％

人数	2001年	2002年	2003年	2004年	2005年	2006年	2007年	2008年	2009年	2010年	2011年	2012年	2013年	2014年
不安定就業者計	1,291	992	1,173	1,135	1,085	1,054	1,071	1,255	1,516	1,559	1,188	1,307	1,312	1,480
指標①下請かつ保護基準以下	779	610	753	728	702	662	778	927	1,182	1,229	971	—	—	—
指標②保護基準以下	1,176	901	1,052	1,070	960	924	950	1,140	1,427	1,449	1,097	1,205	1,186	1,387
指標③週就業時間 60 時間以上	145	117	146	99	146	150	149	136	106	145	108	120	145	119
構成比	2001年	2002年	2003年	2004年	2005年	2006年	2007年	2008年	2009年	2010年	2011年	2012年	2013年	2014年
不安定就業者計	100.0	100.0	100.0	100.0	100.0	100.0	100.0	100.0	100.0	100.0	100.0	100.0	100.0	100.0
指標①下請かつ保護基準以下	60.3	61.5	64.2	64.1	64.7	62.8	72.6	73.9	78.0	78.8	81.7	—	—	—
指標②保護基準以下	91.1	90.8	89.7	94.3	88.5	87.7	88.7	90.8	94.1	92.9	92.3	92.2	90.4	93.7
指標③週就業時間 60 時間以上	11.2	11.8	12.4	8.7	13.5	14.2	13.9	10.8	7.0	9.3	9.1	9.2	11.1	8.0

注）「下請かつ保護基準以下」の「下請」とは材料持下請及び手間請の一人親方をさすが、2012年から2014年の『賃金調査』では材料持下請の区分がなくなったので、表中の「下請かつ保護基準以下」は空欄となっている。
出所：全国建設労働組合総連合東京都連合会『賃金調査』の個票データより筆者作成。

第一に、不安定就業としてのコア的な部分を占めているのが保護基準以下の一人親方という点である。つまり、不安定就業としての一人親方に占める保護基準以下の一人親方割合は、2001年から2014年にかけて一貫して9割前後で推移しているのである。

第二に、下請かつ保護基準以下の一人親方、すなわち就業が不規則不安定な一人親方の割合が増大していることである。つまり表 5-1 より下請かつ保護基準以下の一人親方割合はデータが取れる 2011 年が 81.7％で 2001 年の 60.3％対比 3 割増となっており、就業が不規則不安定な一人親方が増大しているのである。

つまり、2000 年代における東京の不安定就業としての一人親方の特徴は、保護基準以下の一人親方を基軸としつつ、就業が不規則不安定な一人親方が増大する傾向にあるということがいえる。

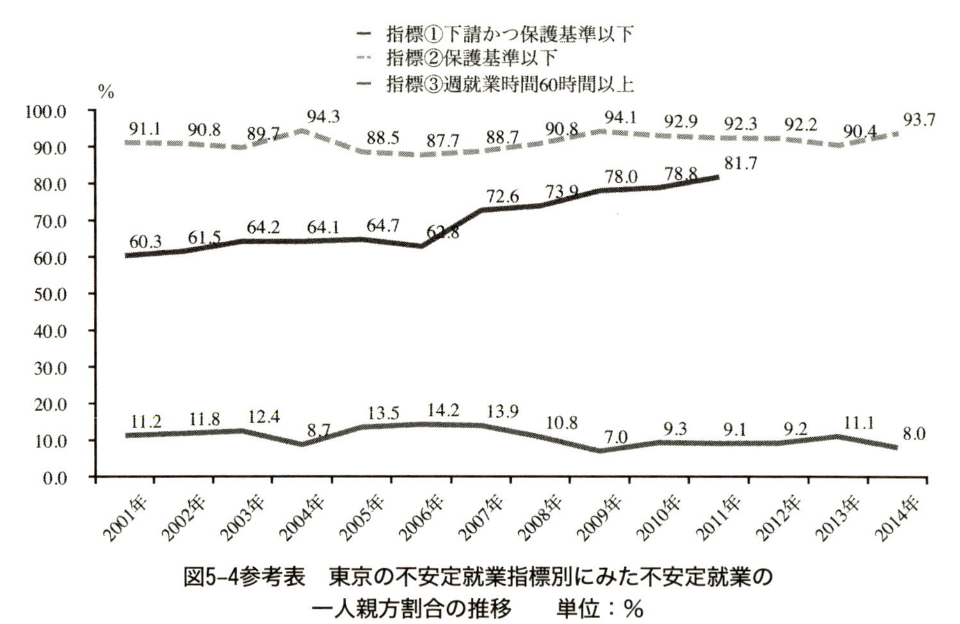

図5-4参考表　東京の不安定就業指標別にみた不安定就業の一人親方割合の推移　　単位：%

出所：表 5-1 をもとに作成。

下請かつ保護基準以下の一人親方割合が増大した要因は、3 章で検討したように下請の一人親方の就業の不安定性が高まったことにあると考えられる。つまり平日日数分の就業日数を 20 日とすれば、平日日数を下回る、すなわち 19 日以下の不安定就業としての一人親方割合は、2001 年 56.7％から 2014 年 62.8％と 6.1％ポイントも上昇しているのである。

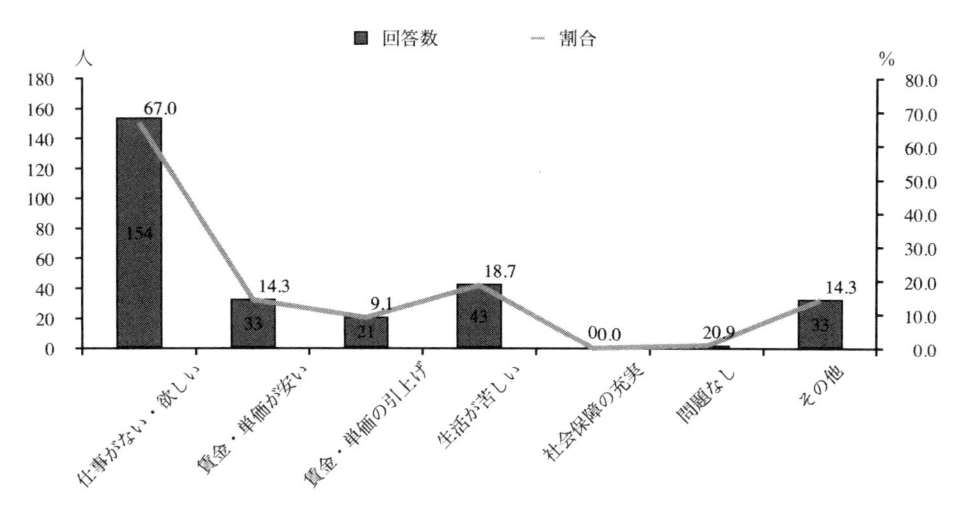

図5–5　不安定就業の一人親方の自由記述の内容類型別回答数及び割合（2009年）
注）自由記述回答総数は 230 ケース。複数回答方式での集計を行ってた。
出所：全建総連東京都連合会（2009）『賃金調査』の個票データより作成。

このような一人親方の就業の不安定性の増大を『賃金調査』の自由記述よりみていこう。**図 5–5** は、2009 年の不安定就業としての一人親方のうち自由記述の回答があった 230 ケースの自由記述の特徴を集計したものである。図 5-5 をみると、「仕事がない・欲しい」と回答した一人親方が 67.0%と極めて多く、「生活が苦しい」の 18.7%、「賃金・単価が安い」の 14.3%、「賃金・単価の引上げ」の 9.1%を大きく引き離していることがわかる。

また**表 5–2** は不安定就業の一人親方の自由記述の一部をピックアップしたものであるが、その内容を見ても就業の不安定性が一人親方の切実な問題であることがみてとれる。

表5-2　不安定就業としての一人親方の自由記述の内容

職種	年齢	自由記述
大工	25	賃金を上げろ！　・仕事を下さい。　・1日2万にしろ！
内装	26	収入が低いので、転職すら考える。結婚も到底出来そうにない。
電工	35	3月、4月は本当に仕事が少なく、私の所は日給月給なので、とても困りました。働きたくても働けないというのはつらいことです。
大工	35	仕事がなくて最悪です。どうにかしてください。お願いします。
大工	41	手間の価格破壊が進みすぎて、手間で請ける意味がない。安い手間で責任だけ押しつけられている状態です。
大工	44	仕事が少なくて生活が苦しく、どんな仕事でもしている。
大工	45	仕事がほとんどないし、手間もどんどん下がって、暮らしはとても大変です。とにかく仕事がないのが困ったことです。
塗装	56	仕事が年々少なくなっている。仕事があっても工期短縮で体がきつい。
塗装	57	一人親方ですが月によって仕事がばらつきすぎる。年間を通して平均的に仕事が欲しい。子どもが学生なので賃金も1000円～2000円アップして欲しい。
大工	58	仕事が減り、賃金も削られ、苦しい状態です。このままだと若い人も入ってこず、生活できません。何とかならない物でしょうか？今の状態に耐えている大工より。
大工	59	施主からの仕事が少なくなって、大工での生活が大変になってきました。ハウスメーカーも直ぐに仕事が出なくなって、大変な毎日です。
電工	60	暮らしはとても苦しいです。単価があまりにも低いため、生活が目一杯です。パワービルダーに対して、単価引き上げの行動が欲しいです。
塗装	61	どんどん仕事がなくなり、公共料金の支払いも苦しくなりだした。せめて衣食住だけでも心配がない生活をしたい。
建具	61	働きたくても仕事が無くても生活が苦しい。大手住宅メーカーに偏りすぎて、町場の大工、工務店に仕事が来ない。
タイル	61	仕事がなく休みが多くて本当に困っている。この先どうしたらいいか、仕事があっても安くてどうにもならない。
板金	62	・仕事がない。 ・相手先の決められた工賃で、赤字でも納めなければならない。苦しい生活です。
塗装	62	生活が苦しく、体調も悪く、生きていくのが大変です。なんとかして下さい。
ビルメン	65	昨年に比べて仕事が40％くらい減った。景気をよくして貰いたい。
左官	66	一年一年日給の金額が少しずつ下がりますので、生活が大変です。
タイル	69	1月～5月の間、仕事がない！1月、11日。2月、9日。3月、11日。5月、3日。
設備	72	5月から急に仕事が減少してきた。月間１５～２０日間くらい働きたいと思っているが、10日前後になってしまっている。
塗装	73	仕事が続かなくて困っています。どうにかならないのでしょうか。頭が痛いです。
塗装	74	仕事の量が少なくなっているので、非常に生活が苦しい。

出所：全国建設労働組合総連合東京都連合会『賃金調査』の個票データより作成。

３　不安定就業としての一人親方の現状

前節まで不安定就業としての一人親方割合の推移とその特徴を明らかにしてきた。だが以上の分析結果は統計観察的なものに止まっているので、3節では、『一人親方調査』を用いて、これらの人々の実態そのものを、もう少し個別具体的な形で描写し表現していく。具体的には、不安定就業としての一人親方の現状を、不安定就業指標別、丁場別の分析に分けて明らかにする。

(1) 不安定就業指標別の分析

以下では、不安定就業としての一人親方の現状を、不安定就業指標と関連して低賃金・低所得の事例、就業の不規則不安定化によって生活基盤を喪失した事例、長時間就業による健康破壊の事例の三点から考察する。

1) 低賃金、低所得の現状

第一に低賃金、低所得の事例からみていこう。**表 5-3** は『一人親方調査』より低賃金、低所得の事例を取り上げたものである。『一人親方調査』は筆者

表5-3　『一人親方調査』にみる低賃金・低所得の事例

No	年齢	職種	契約形態	扶養家族数・構成	賃金①	社会保険料②	①－②	月刊就業時間	時間賃金
No.3	65 歳	配管	材料持	2 人、妻、子ども 1 人	30.0 万円	6.2 万円	23.8 万円	180	1,322
No.5	66 歳	内装	手間請	1 人、妻	19.2 万円	3.55 万円	15.7 万円	160	1,200
No.7	51 歳	電工	手間請	1 人、母	21.7 万円	3.5 万円	18.2 万円	300	607
No.11	35 歳	塗装	手間請	3 人、妻、子ども 2 人	25.0 万円	4.1 万円	20.9 万円	160	1,306
No.18	71 歳	大工	手間請	1 人、妻	18.5 万円	3.5 万円	15.0 万円	180	833
No.19	40 歳	大工	手間請	0 人	18.5 万円	6.1 万円	12.4 万円	204	608

注）社会保険料は国民健康保険料、一人親方労災保険料、国民年金保険料の合計額。
出所：筆者作成。

が2011年に神奈川在住の一人親方を対象として行った聞き取り調査であるが、神奈川県の2011年の最低賃金は836円である。このことを踏まえて、表5-3をみると、一人親方の時間賃金が最低賃金を下回るケースがNo.7、No.18、No.19の3ケースある。

またNo.3、No.5、No.11の3ケースは時間賃金が1,200円から1,300円と最低賃金を上回ってはいるものの、No.3のケースでは妻と子供1人を月23万8,000円の収入で、またNo.11のケースでは妻と子供2人を月20万9,000円で養うなど厳しい家計状況におかれているのである。

なお『賃金調査』によれば、2009年の不安定就業の一人親方のうち最低賃金789円（神奈川県・2009年）以下の一人親方の割合は17.0%（262人）、時間賃金1,000円以下でみれば、27.8%（429人）にも上っているのである。以下ではNo.7、No.11、No.19の事例から低賃金・低所得の事例を考察しよう。

第一に取り上げるNo.7の事例の特徴は重層下請下における低賃金化である。この事例の一人親方（Gさん）は大手住宅企業の四次下請の電気工事士で、年齢が51歳、契約形態は手間請である。彼は全国展開する大手住宅企業D社の四次下請として電気工事を年間14件請負っており、重層下請下の中間搾取と営業経費の自己負担等によって最低賃金以下の低賃金の状態におかれている。

具体的にみていこう。D社は元請として工事1件当たりおよそ40万円で仕事を出すのであるが、この40万円のうち15%の6万円を一次下請がマージンとして取る。さらに二次下請及び三次下請が40万の8%の3万2,000円をマージンとして取る。その結果、Gさんの手元に渡る工事金額は27万6,000円である。

また手取工事金額からGさんは交通費、燃料代、駐車場代、道具維持費等の営業上の経費を年40万円、工期が遅れている場合は工期を間に合わせるために自己負担で外注化しなければならずその額が年86万円、さらに国民健康保険、一人親方労災、国民年金の保険料が月3万5,000円の負担を負っている。

以上のことからGさんの月収を概算すると、27万6,000円×年14件＝386万4,000円－経費40万円－労務外注費86万円の260万4,000円が年収、月換算で21万7,000円－社会保険料3万5,000円だから18.2万円である。Gさんの月間就業時間は300時間(12時間×25日)なのでGさんの時給は607円となる。

神奈川県の2011年の最低賃金は836円なのでGさんの賃金は最低賃金を229円も下回っていることがわかる。一人親方は自営業者なので最低賃金法の適用除外である。こうした状況の中でGさんの単価はその最低基準が保障されることなく低賃金化しているのである。

次にNo.11の事例であるが、この事例の一人親方(Kさん)は地場企業・工務店から下請工事を請ける塗装工で、年齢が35歳、契約形態は手間請である。Kさんの事例の特徴は社員時代の収入の低さから収入増を求めて独立したが、独立後も収入が増加しなかったケースである。

Kさんは工業高校卒業後、地場の電気工事会社勤務を経て、21歳の時にペンキ屋に転職する。入社後、3ヶ月目までは見習期間で給料が日額5,000円の月12万5,000円、3ヶ月目以降は日額8,000円の月20万円だったという。24歳で結婚し翌年第一子が誕生する。子供が産まれ、生活が厳しくなったことをきっかけにKさんは27歳の時に独立する。なお独立直前の給料は日額1万2,000円の月30万円で社会保険は掛けられていなかったという。

独立後は日当制の手間請として社員時代の会社と妻の親戚が経営する会社を取引先として就業しているという。収入も額面上はあがったという。つまり社員時代は日額1万2,000円が最大であったが、独立後は額面上は日額1万7,000円～2万円になったのである。一方で交通費、ガソリン代等の営業経費の自己負担が発生するようになったことや請ける仕事の数が不安定になった結果、平均所得(年間売上－経費)は月25万円でここから国民健康保険料、一人親方労災保険料、国民年金保険料等の社会保険料4万1,000円を負担しており、税金等の支払いを含めれば、収入は社員時代よりも低いか同水準であるという。

こうした現状に対し、筆者はもう一度社員として働く意思はないのですか、問うた。するとKさんは「苦労してここまで(独立)きた、戻っても(社員に)よくなる保証はないですよ」(カッコ内筆者加筆)とやや下を向きながら答えた。

さらに「今の仕事に満足していますか」と問うと「満足していないですよ。(日額賃金が）もっと欲しい。今1万7,000円でしょ、2万5,000円はほしいですね。けど（賃金の）予算が決まってるから交渉できない…せめて単価が下がらないような仕組みとか、休業補償みたいなものをつくってほしいです」（カッコ内筆者加筆）とのことである。

Kさんは手間請、すなわち労務下請として独立したという点でGさんと共通している。一方でKさんは大手建設資本を元請とする重層下請の末端で就業している訳ではなく地場の会社から一次下請（厳密には一次下請90%、二次下請10%）として工事を請けて、そして低賃金の状況におかれているのである。低賃金化は重層下請のもとで就業していなくとも一次下請であっても直面しうる現象なのである。

最後に取り上げるNo.19のSさんの事例はKさんの事例と共通する部分がある。つまりSさんは地場工務店と取引する手間請なのである。一方でSさんの事例に特徴的な点は、独立後の取引先が独立前に社員として働いていた会社であり、賃金が安くてもSさんと取引先の社長さんの関係が師弟関係のような状況で賃金引上げを云いにくい状況にあるという点である。

具体的にみていこう。Sさんは地場の工務店の労務下請として就業する40歳の大工である。Sさんは、25歳の時に父親の紹介でR社に社員として雇われる。R社は建売戸建住宅の新築工事を請ける会社でSさんは大工として雇用された。その後、Sさんは36歳の時に屋号を取り独立する。現在はR社の専属手間請で新築工事及びリフォーム工事を請負っている。2010年の営業経費等を除いた月収は18万5,000円でここから社会保険料6万1,000円を除いた12万4,000円がSさんの手元に残る収入である。

Sさんは「正直なところ、これではぎりぎりです（生活が）、でも親方（取引先の社長）には育てて貰った恩がある、これね、R社の作業着なんです（筆者にR社の刺繍の入った作業着をみせながら）。だからあげてくれ（単価を）とはなかなかいえないです。」（カッコ内筆者加筆）という。

Sさんの取引先企業R社は取引先企業が大手建設資本であったGさんの事例と異なり従業員5人ほどの零細企業であるが、師弟関係という人的なつながりの強さが賃金・単価の引き上げを困難にしているのである。こうした状況のもとで、S さんの要求は「これ以上は下げられない最低価格をつくってほしい」なのである。

2) 就業の不安定化による生活基盤の喪失

次に就業の不安定化による生活基盤の喪失をみていこう。これについては 3 章でも検討を行ったのであるが、3 章の表 3-5 を再掲したのが**表 5-4** である。表 5-4 をみると、一人親方は、「請負仕事の減少」、「取引先企業の倒産」、「請負仕事が切れて」を理由として 10 日間から最長で 4 ヶ月間仕事がない状態を経験していることがわかる。

加えて仕事が空いた期間の生活基盤を見ると、「貯金取崩し」が 3 人、「借り入れ」が 3 人、「妻のパート」が 1 人である。雇用保険法はその第 4 条で被保険者を「適用事業に雇用される労働者」と定義しており、元請、上位の下請企業は一人親方と請負契約を結ぶことで雇用保険料の負担を回避している。こ

表5-4　下請一人親方の属性、現場、仕事が空いた契機、期間及び生活基盤

NO	年齢	職種	契約形態	現場	契機	期間	生活基盤
NO.1	55 歳	大工	手間請	地場工務店の現場	請負仕事が切れて。	2010年1～2月にかけて10日間しか仕事がなかった。	妻のパートと貯金取崩し。
NO.6	43 歳	左官	手間請	中小住宅企業の現場	取引先企業の倒産。	1998 年 に 1 ヵ月半、2009 年に 21 日。	貯金取崩し。
NO.7	51 歳	電工	手間請	大手住宅企業の現場	取引先企業の倒産。	4 ヶ月間。	銀行からの借り入れ。
NO.11	35 歳	塗装	手間請	中小企業の現場	請負仕事が切れて。	2008 年に1 週間仕事なしが 3 回。	ノンバンクからの借り入れ。
NO.12	51 歳	大工	手間請	大手不動産建売の現場	請負仕事の減少。	2009 年に1 ヶ月仕事が切れた。	カードローンで借り入れ。
NO.14	62 歳	大工	手間請	地場工務店の現場	取引先企業の倒産。	2006 年に1 ヶ月間。	貯金取崩し。

出所：『一人親方調査』をもとに筆者作成。

うした事情もあって、一人親方は雇用保険の受給対象からも事実上排除されており、仕事が切れた際の生活基盤は自身の蓄えあるいは家族の稼ぎに頼っているのが現状である。

このように一人親方の就業の不安定化による収入の低下・喪失は実際に生活基盤の喪失をもたらしうる可能性を孕んでいるのである。

3) 長時間就業による健康破壊

最後に取り上げるのが長時間就業による健康破壊である。取り上げる事例はNo.7のGさんとNo.2のBさんである。GさんとBさんの1日当たりの就業時間数は12時間である。これはいわゆる過労死にいたる恐れのある就業時間に相当する。つまり、厚生労働省は、残業が6ヶ月平均で80時間を越えると、過労死・過労自殺を発症する恐れがあるとしている。故に、週間残業時間20時間でこれを5日で割れば1日の残業が4時間となり、これに8就業時間を足した12時間が過労死・過労自殺の恐れのある就業時間となる。

Gさんの長時間就業に関する聞き取り記録は以下の通りである（カッコ内は筆者加筆）。

D社は工期がとにかく短いんですよ。工期もこっちの意見は通らない。向かうが一方的に決めるんです。2ヶ月かかる仕事を1ヶ月でやれといってくる。めちゃくちゃですよ。それじゃあ（その工期では）無理ですよといっても、勝手に（仕事を）いれてくるんです。

また工期の締め付けについては以下の通りである。

雨が降ると仕事できないでしょ。でもD社は考慮してくれない。雨天の工期延長は認めてくれないんです。進捗管理は現場の大工がしてるんだけど、遅れるとどやされます。プレッシャーですよ。工期は絶対厳守だから休日出勤や残業して何とか間に合わせるしかないんです。それだけしても終わらない時は持ち出し（自己負担）で応援（労務の外注）を入れるんだけど、1日1.5～1.8

万払わないといけないから入れたら赤字。だから労働時間が長くなっちゃう。

またＢさんの場合は受注量の減少を経験したことによって、受注量を確保するために請負う工事種類の増加と24時間体制の電話受付等を行った。その結果、見積、設計に費やす時間が増加し就業時間の長時間化に直面している。つまり彼の一日の基本的なサイクルは、5時起床、6時まで見積、図面等の作成、7時に自宅を出て18～19時まで現場に出る。帰宅して夕食をとった後に、22時まで見積、図面等の作成を行うというもので、自宅での業務を入れると実働12時間である。また室内改修の仕事は土日や夜勤が多いので土日や夜間も仕事に出ることが多かったという。こうした長時間就業の結果、Ｂさんは体調を崩し2010年に一度廃業している。

Ｇさんの事例は元請企業による事実上の長時間就業の強制であったが、Ｂさんの場合は、受注量が減少したことによって、受注量の確保を目的に長時間就業に直面しているといえる。このような長時間就業によって就業の継続が困難な状況に直面すれば、労働市場からの退出を余儀なくされ、それはまた生活保護層への落層をもたらすのである。

(2) 丁場別の分析

次に丁場別の分析であるが、『一人親方調査』が対象とした一人親方は戸建住宅建築に従事する一人親方であり、丁場で言えば、町場、新丁場である。例外的に、ケース4とケース5の事例は、以前に野丁場に従事していた経験がある事例であるが、『一人親方調査』の労働条件に関する設問は、2010年時点のものであり、それ以前の労働条件に関しては詳細に聞いていない。したがって、以下の分析は野丁場を除く町場、新丁場の分析である。本来であれば、野丁場の分析も行う必要がある。今後の課題としたい。

なお本章2節で明らかにしたように不安定就業としての一人親方のコア的部分を占めるのが、生活保護基準以下賃金の一人親方である。したがって、以下の分析では、この保護基準以下世帯の一人親方の事例を取り上げることとする。

表 5-5 は、『一人親方調査』における一人親方の家族構成、生活保護費、認定収入をみたものである。表 5-5 をみると、保護基準以下世帯は、20 ケース中、7 ケースである。また 1 章でみた保護決定後受給保護費及び税・社会保険料等を考慮した保護基準の倍率 1.6 倍の額を保護基準以下世帯とすると、表 5-5 より該当するケースは 19 ケースとなる. 以下ではこの広義の保護基準以下世帯の事例を考察する.

表5-5参考表　表5-5の生活保護費、認定収入の算出方法と用語の定義

1) 生活保護費
生活扶助(第I類＋第II類)、住宅扶助特別基準額、児童養育加算、教育扶助の合計額。

2) 認定収入
売上 – 経費・材料費 – 社会保険料 – 税金 –(基礎控除 * 0. 7) ＋本人以外の収入で算出。
* 本人以外の収入とは、家族収入、年金をさす。
このうち
・社会保険料は…
　国民年金保険料、一人親方労災保険料、国民健康保険料の合計額
・税金は…
　所得税、個人事業税、住民税、消費税の合計額
　このうち
・所得税は…
　課税所得＝年間売上 – 年間経費・材料費 – 基礎控除(38 万円)のとき
　所得税＝(課税所得×所得税率 – 課税控除額)/12 で算出。
　* 課税所得の控除には基礎控除以外に様々あるが、その額が『一人親方調査』では聞くことができなかったので、算出からは除いている。
・個人事業税は…
　個人事業税＝{[課税所得 –290 万(事業主控除)] × 0.05 (税率)} /12 で算出。
・住民税は…
　住民税＝(均等割＋所得割)/12 で算出。
　均等割＝横浜市内在住 5,200 円、横浜市外在住 4,300 円
　所得割＝市民税＋県民税
　市民税…（年間売上 年間経費・材料費 – 基礎控除 [33 万円]）× 0.06 (税率)
　県民税…（年間売上 年間経費・材料費基礎控除 [33 万円]）× 0.04025 (税率)
・消費税は…
　年間売上が 1,000 万円以上の一人親方の売上に対して 2010 年当時の税率を乗じた
　消費税＝(年間売上× 0.05)/12

出所：筆者作成。

表5-5　『一人親方調査』における一人親方の家族構成、活保護費、認定収入および保護基準以下世帯　　単位：円

NO	家族構成	生活保護費				生活保護費	生活保護費×1.6	認定収入							保護基準以下世帯	保護基準×1.6以下世帯
		生活扶助（Ⅰ類＋Ⅱ類）	住宅扶助特別基準額	児童養育加算	教育扶助			①売上	②経費・材料費	③社会保険料	④税金	⑤基礎控除×0.7	⑥本人以外の収入	認定収入（①－②－③－④－⑤＋⑥）		
1	本人55歳、妻50代、長女29歳、次女27歳	204,215	59,800			264,015	422,424	425,000	92,000	60,000	58,685	23,233	80,000	271,082		○
2	本人49歳、妻46歳、長男21歳、長女18歳	205,935	59,800			265,735	425,175	1,083,000	700,000	62,000	130,272	23,233		167,495	○	○
3	本人65歳、妻60代、長男27歳、四女24歳	200,263	59,800			260,063	416,101	333,000	33,000	62,000	47,793	23,233		166,974	○	○
4	本人53歳	81,610	59,800			141,410	226,256	334,000	0	49,500	59,035	23,233		202,232		○
5	本人66歳、妻63歳	120,270	59,800			180,070	288,112	417,000	225,000	35,500	24,866	20,867	80,000	190,767		○
6	本人43歳、母67歳	122,350	59,800			182,150	291,440	280,000	40,000	46,000	34,445	23,233		136,322	○	○
7	本人51歳、母73歳	118,590	59,800			178,390	285,424	500,000	283,000	35,000	29,839	23,233		128,928	○	○
8	本人47歳	81,610	59,800			141,410	226,256	445,000	145,000	46,000	47,718	23,233		183,049		○
9	本人34歳、妻34歳、子供6歳、4歳、2歳	201,274	59,800	25,000	2,150	288,224	461,158	675,000	175,000	70,000	117,101	23,233		289,666		○
10	本人58歳、妻55歳、子供21歳、19歳、18歳	236,311	59,800			296,111	473,778	833,000	333,000	70,000	117,101	23,233		289,666		○
11	本人35歳、妻34歳、子供10歳、7歳	196,406	59,800	10,000	4,300	270,506	432,810	416,000	166,000	41,000	36,372	23,233	100,000	249,395	○	○
12	本人51歳、妻48歳	124,430	59,800			184,230	294,768	554,000	137,000	23,000	88,106	23,233		282,661		○
13	本人61歳、妻58歳、長女30歳、長男28歳	202,239	59,800			262,039	419,262	666,000	306,000	92,000	68,066	23,233		176,701	○	○
14	本人62歳、妻59歳、娘32歳	127,570	59,800			187,370	299,792	500,000	109,000	99,500	78,999	23,233	60,000	249,268		○
15	本人59歳、妻56歳	124,430	59,800			184,230	294,768	750,000	500,000	0	36,447	23,233	140,000	330,320		
16	本人61歳、妻56歳、子供34歳、32歳、29歳	231,181	59,800			290,981	465,570	1,750,000	894,000	89,000	344,154	23,233		399,613		○
17	本人34歳、妻32歳	128,610	59,800			188,410	301,456	416,000	12,500	59,000	83,377	23,233		237,890		○
18	本人71歳、妻70歳	112,750	59,800			172,550	276,080	255,000	70,000	35,000	23,889	23,233	100,000	202,878		○
19	本人40歳	83,700	59,800			143,500	229,600	666,000	416,000	61,000	36,447	23,233		129,320	○	○
20	本人36歳、妻37歳、子供6歳、2歳	183,895	59,800	15,000	2,150	260,845	417,351	1,833,000	1,200,000	49,500	256,075	23,233	70,000	374,192		○

注）各項目の算出方法は、参考表を参照。
出所：『一人親方調査』より筆者作成。

生活保護×1.6以下世帯19ケースの丁場は町場が11ケース、新丁場が8ケースである。このうち本節では，町場の事例としてケース11、18を、新丁場の事例としてケース7を取り上げる。

なお生活保護費、認定収入の算出方法は参考表の通りである。具体的に見ていこう。まず生活保護費は、生活扶助（第Ⅰ類＋第Ⅱ類）、住宅扶助特別基準額、児童養育加算、教育扶助の合計額で算出した。認定収入は、売上から経費・材料費、社会保険料、税金、基礎控除の7割を差引いた額に家族収入がある場合はその金額を加算した額である。

このうち社会保険料は、国民年金保険料、一人親方労災保険料、国民健康保険料の合計額である。税金は、所得税、個人事業税、住民税、消費税の合計額である。なお各税額の算出方法は参考表を参照されたい。

1）町場の事例

『一人親方調査』の事例より町場における不安定就業としての一人親方の現状を考察しよう。**図5-6**は、ケース11の事例（塗装工Kさん）の不安定就業化する経緯をみたものである。図5-6をみると、Kさんは、18歳で塗装工として働き始め、27歳の時に手間請一人親方になる。手間請一人親方になってからは、日当制で日額1万7,000円から2万（経費込み）で工事を請けるようになる。なお日当の1万7,000円から2万の差は、請ける工事会社や景気の影響によるもの、とのことである。

Kさんの事例に特徴的な点として、経験年数が上昇しても日当の水準が殆ど上がっていないことである。このことは、図5-6の折れ線グラフが端的に示している。つまり、Kさんは、手間請になって以降、月収に変化がないのである。

次に**図5-7**よりケース18の事例（大工Rさん）を考察しよう。図5-7をみると、Rさんは、22歳で手間請一人親方になる。その後47歳までの収入は不明であるが、48歳から54歳が日当制で日額2万6,000円だった。しかしその後、1994年と2009年に日当が減額される。

【ケース11：塗装工Kさんの事例】

18-20歳　塗装工・社員　月収11万円（社会保険を会社はかけておらず自己負担）

21-26歳　塗装工・社員　入社3ヶ月＝1日5,000円×25日就業の月収12万5,000円
（社会保険を会社はかけておらず自己負担）
入社3ヶ月以降＝1日1万2,000円×25日就業の月収30万円
（社会保険を会社はかけておらず自己負担）

*収入増を求めて手間請一人親方になる（2002年）

27-35歳　塗装工・手間請　1日1.7万～2万円（経費込み）×20～25日就業の月収34万～50万（経費込み）
経費を除いた平均月収が25万円（＝売上41万6,000円－経費16万6,000円）

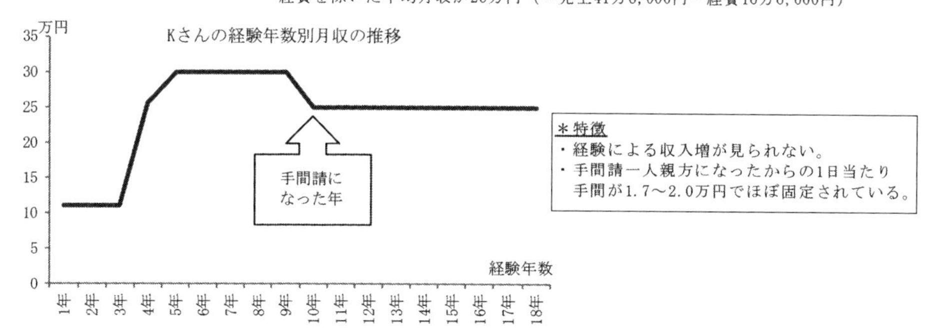

図5-6　Kさんが不安定就業化した経緯
出所：『一人親方調査』より筆者作成。

【ケース18：大工Rさんの事例】

15-21歳　住込の見習・大工　家賃、食費は会社もちで収入なし。

*手間請一人親方になる（1961年）

22-27歳　月5万円の収入。
28-47歳　収入不明。
48-54歳　1日2万6,000円（経費込み）×20日就業の月収52万円（経費込み）

*バブルがはじけた影響で1日当たり6,000円手間が下がる（1994年）

55-69歳　1日2万円（経費込み）×20日就業の月収40万円（経費込み）

*リーマンショックの影響で手間と就業日数が減少する（1994年）

70歳　1日1.8万円（経費込み）×15日の月収27万円（経費込み）
71歳　1日1.7万円（経費込み）×15日の月収25.5万円（経費込み）

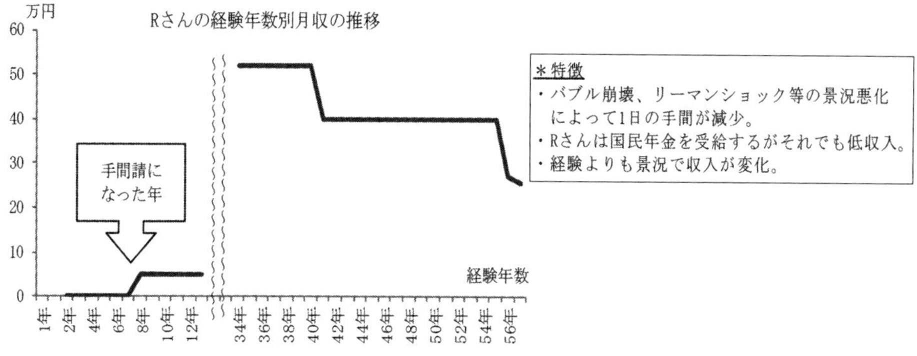

図5-7　Rさんが不安定就業化した経緯
出所：『一人親方調査』より筆者作成。

Rさんのいうところによれば、1994年の減額は、「バブルですよ、はじけて…それから何年かは手間下げないでいてくれたんだけど、これだと(2万6,000円)だとやっていけないって、よく覚えてるよ、55(歳)の時、下げられました。」(カッコ内筆者加筆)とのことである。

また2009年の減額は、「年の影響もあると思う…もう若くないからね。けどこのときは、景気が大きく落ち込んで本当に仕事がなくなったんよ。少なくても(日当が)いいから、とにかく仕事をくれって、親方に何度もかけあって…ようやく、ね。」(カッコ内筆者加筆)とのことで、この景気の落ち込みはリーマンショックの影響と考えられる。またその翌年にも日当が千円引き下げられている。

この3回の減額によって、Rさんの収入は、国民年金を加えても極めて低位な水準となっているのである(表5-5を参照)。またRさんの場合もKさんと同様に、少なくとも収入が判明している48歳以降は経験を重ねることによる収入増は殆んど見られない。

以上の事例の考察から町場においては、経験を重ねることによる収入増が殆んどみられないこと、景気悪化による日当の減少がみられることが明らかになった。

この経験を重ねることによる収入増が殆んど見られない点と景気悪化による日当の減少がみられることに関して、『賃金調査』を用いて、量的に確認しよう。**図5–8**は、町場における経験年数階級別にみた一人親方の月収の推移である。図5-8をみると、不安定就業としての一人親方は、経験を重ねることによる賃金上昇が殆んど見られず、賃金カーブがほぼ横ばいであることがわかる。さらに**表5–6**は、町場における経験年数階級別にみた不安定就業としての一人親方の月収指数の経年変化をみたものである。

表5-6をみると、2001年、2005年、2010年、2014年の4ヵ年平均で町場における不安定就業としての一人親方の経験年数5年以下の月収を100.0とした場合、経験年数6-10年111.8、11-15年132.3、16-20年121.3、21-25年118.1、26-30年110.6、31年以上97.1となっており、経験年数による月収の

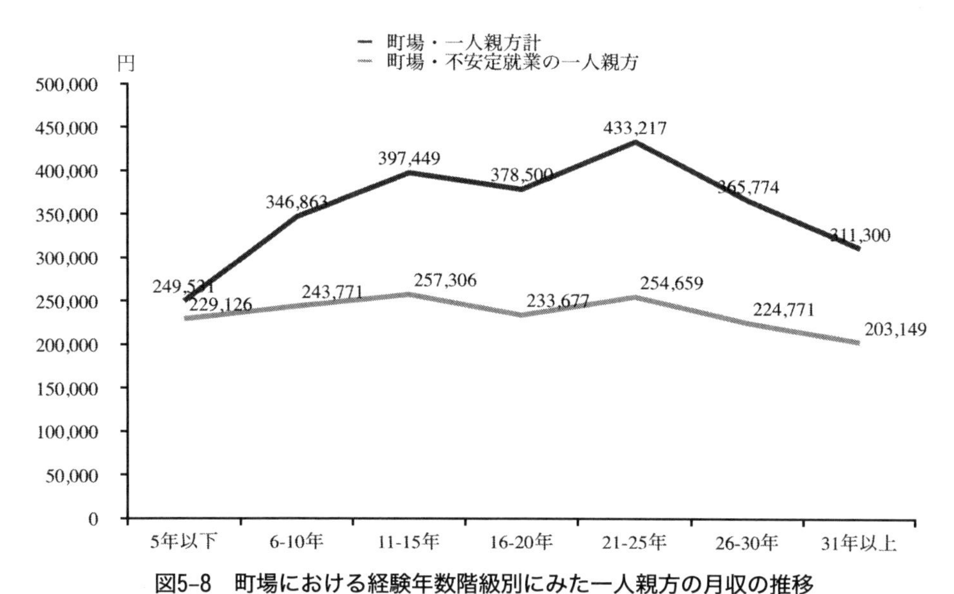

図5-8　町場における経験年数階級別にみた一人親方の月収の推移

出所：全国建設労働組合総連合東京都連合会『賃金調査』の個票データより筆者作成。

表5-6　町場における不安定就業としての一人親方の経験年数階級別月収指数の推移

町場	5年以下	6-10年	11-15年	16-20年	21-25年	26-30年	31年以上
2001年	100.0	112.5	123.6	129.7	122.8	109.8	99.2
2005年	100.0	117.2	157.1	139.9	124.7	130.4	105.4
2010年	100.0	111.1	135.9	113.6	113.6	104.1	95.1
2014年	100.0	106.4	112.3	102.0	111.1	98.1	88.7
4ヵ年平均	100.0	111.8	132.3	121.3	118.1	110.6	97.1

出所：全国建設労働組合総連合東京都連合会『賃金調査』の個票データより筆者作成。

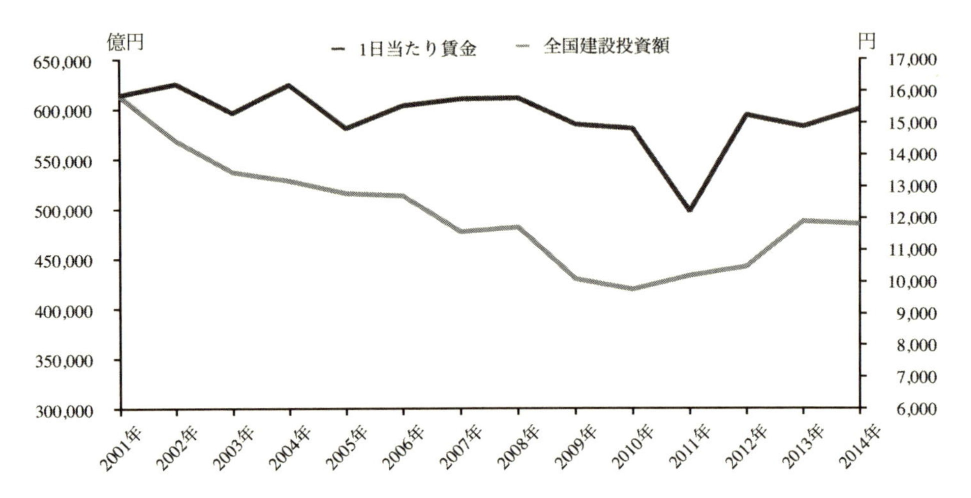

図5-9　全国建設投資額および町場の不安定就業一人親方の1日当たり賃金の推移
注）全国建設投資の 2012 年、2013 年は見込み額、2014 年は見通し額である。
出所：全国建設労働組合総連合東京都連合会『賃金調査』の個票データおよび国土交通省（2014）『平成 26 年度　建設投資見通し』の付表 1 より筆者作成。

上昇は 1.3 倍に留まっている。

つまり町場における不安定就業としての一人親方は、経験を重ねることによる収入上昇が殆んどみられない、ということが量的にも確認できるのである。

次に景気悪化による日当の減少であるが、**図 5-9** は、全国建設投資と町場における不安定就業としての一人親方の 1 日当たり賃金の推移である。図 5-9 をみると、建設投資の増減のカーブの後を追うように 1 日当たり賃金がトレースしていることがわかる。例えば、リーマンショックの影響で 2008 年を境に 2010 年まで大きく落ち込んでいるが、1 日当たり賃金もその後を追うように落ち込んでいることがわかるのである。したがって景気悪化による日当の減少は、量的にも確認できるのである。

2) 新丁場の事例

次に新丁場における不安定就業としての一人親方の現状を考察しよう。取り上げる事例はケース 7 の電気工事士 G さんである。G さんの事例は本論文

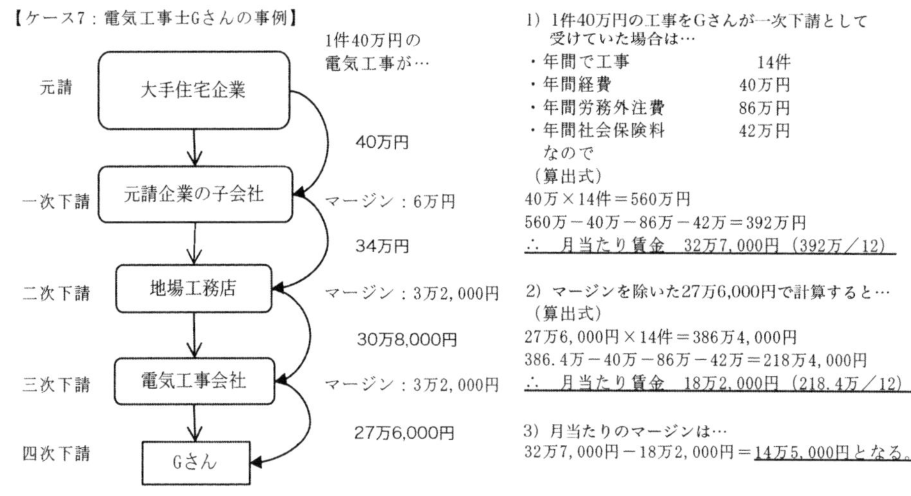

図5–10　Gさんが不安定就業化した要因

出所：『一人親方調査』より筆者作成。

ですでに何度か考察しているので、属性等の詳細は割愛する。**図5–10**は、Gさんが不安定就業化した要因を図で示したものである。

Gさんが不安定就業としての一人親方化した要因は、重層下請構造のもとでの中間搾取にある。つまり、図5-10にあるように、Gさんは、元請企業から工事を一次下請として請けていた場合、月当たり賃金は、32万7,000円である。ところがGさんは四次下請なので、上位の下請業者がマージンを取り、Gさんの月当たり賃金は、18万2,000円となる。月当たりのマージンが14万5,000円にも及んでいるのである。

表5-5にあるようにGさんの生活保護費は、17万8,390円である。認定収入は、月当たり賃金（売上－経費・材料費－社会保険料）18万2,000円から税金2万9,839円と基礎控除×0.7の2万3,233円を除いた12万8,928円となり、生活保護費を下回る。建設業者がマージンを取ること自体は法律違反ではない。しかし、そのマージンを取られる事によって、重層下請の末端で就業するGさんが得る賃金は、生活保護費を下回り、Gさんは不安定就業化しているのである。

なお、このような重層下請制のもとでの中間搾取については、建設政策研究所(2008a)[1]や柴田(2010)[2]、さらには建設政策研究所(2010)で事例分析に基づいて指摘されており[3]、先行研究においても、一人親方の賃金水準の低位性をもたらすものとして重層下請制の下での中間搾取が論じられているのである。

4 小括

5章では1章から4章にかけて明らかにした不安定就業としての一人親方の定義に基づいて、『賃金調査』の個票データより、東京における不安定就業としての一人親方割合を明らかにしてきた。明らかになった点は以下の通りである。

第一に、2000年代の東京において不安定就業としての一人親方は、概ね3割から4割弱で推移しており、また保護基準以下の一人親方を基軸としつつ、就業が不規則不安定な一人親方が増大する傾向にあることである。

第二に、一人親方の不安定就業の現状を「低賃金・低所得」の事例より分析した結果、重層下請下における低賃金化の事例、額面上は賃金が上昇したが自己負担の経費が増えたので結果的に低賃金となっている事例、取引先の企業が独立前から付き合いの深い企業なので、賃金引上げをいえず低賃金化した事例がみられた。

第三に、一人親方の不安定就業の現状を「就業の不安定化による生活基盤の喪失」の事例より分析した結果、一人親方の就業の不安定化による収入の低下・喪失は実際に生活基盤の喪失をもたらしうる可能性を孕んでいることが明らかになった。

第四に、一人親方の不安定就業の現状を「長時間就業による健康破壊」の事例より分析した結果、元請企業による事実上の長時間就業の強制あるいは、受注量の確保を目的に長時間就業に直面していることが明らかになった。

第五に、町場において一人親方の不安定就業化は、経験年数と収入増が比例していないこと、景気悪化による日額賃金の減少によってもたらされていること、また新丁場においては、重層下請制の下での中間搾取が一人親方の不安定就業化をもたらしていることが明らかになった。

【注】

1　建設政策研究所（2008a）、38 頁でこの点が指摘されている。
2　柴田（2010）、57 頁でこの点が指摘されている。
3　建設政策研究所（2010）、96-112 頁を参照。

終　章
貧困研究から貧困・労働問題研究へ

建設産業における一人親方とは、かつては、町場で就業する材料持元請をさし、技術を持ち高収入が期待できる独立自営業者であった。しかしながら近年では、一人親方の就業する丁場は、野丁場、新丁場、その他と多岐に渡り、また材料持下請、手間請といった新たな請負形態で就業する一人親方が見られるようになった。

建設政策研究所(2010)は、このような従来の一人親方とは異なる丁場および請負形態で就業する一人親方を具体的に定義するに至っていないという点で、カッコつきの「一人親方」と規定した。本書では、「一人親方」を不安定就業としての一人親方と捉え、その定義と量的把握の実証を行ってきた。得られた結論は以下の通りである。

1章では、企業による低賃金での一人親方活用が進む中で、第一に、保護基準以下の一人親方割合は、標準3人世帯で42.4%、住宅扶助を除いても25.4%に達していること、第二に、世帯モデル別では、高齢世帯モデルと就学児童のいる世帯モデルで保護基準以下割合が高いこと、第三に、賃金が実際の生活保護費を下回らないために必要となる保護基準´をものさしに用いた場合、保護基準よりも保護基準以下割合は増加し、その増加幅は標準3人世帯で1.4倍にも及ぶこと、第四に、このような一人親方の働く貧困化が進む中で、一人親方の賃金水準が建設職種雇用労働者の水準に接近していること、が明らかになった。

2章では、第一に、保護基準以下の一人親方世帯割合は、標準3人世帯で43.1%、家族賃金を含めた世帯所得ベースで見ても32.4%に達していること、第二に、保護基準以下の一人親方世帯の8割は、家族就業による収入補填を行ってもなお保護基準以下の収入しか得られていないこと、第三に、一人親方世帯において家族就業による生活費補填機能が弱い要因として、以下の2点があげられること、すなわち第一に、一人親方世帯の家族就業率が31.0%と他の産業に比べて極めて低いこと、第二に、一人親方世帯の家族就業の8割以上を占める妻の就業形態がパートなので、それ故に収入も低く生活費補填機能も弱いこと、の3点である。

以上の明らかになった点を踏まえれば、低所得の一人親方世帯における家族就業の生活防衛的機能は総じて弱いと考えられ、したがって一人親方がひとたび低賃金に陥れば、それがそのまま低所得世帯の形成要因となると考えられるのである。

3章で明らかになった点は以下の通りである。第一は、かつて一人親方の代表的な請負形態であった町場で就業する材料持元請の一人親方は、東京では一人親方の10.3%を占めるに過ぎず、企業の下請として就業する一人親方が増大していることである。

第二は、一人親方の下請化が進んだ理由の一つが、一人親方の就業する丁場が野丁場、新丁場に広がり、町場では、かつて材料持ち元請であった一人親方が元請工事を取れず、手間請化したこと、あるいは町場、野丁場、新丁場において労働者が解雇もしくは企業のコスト削減のために外注化(一人親方化)されたことにあることである。

第三は、これに加え、一人親方の窮迫的自立の増加、コスト削減等を目的とした企業による活用の増加も一人親方の下請化が進んだ要因として考えられることである。

第四に、このような一人親方の下請化が進展する中で、企業の生産変動に応じて、就業が不安定となり、賃金が保護基準を下回る一人親方が生み出されているといえるのである。つまり、一人親方は、下請かつ生活保護基準以下の賃金である場合に就業が不規則不安定と言え、したがって不安定就業としての一人親方と規定できるのである。

4 章で明らかになったのは以下の通りである。第一に、長時間就業の手間請一人親方の特徴は、次の仕事があるかわからない、工期決定も元請企業が決めるという非対等な力関係のもとで、請負工事に必要とされる就業時間を保証されず、長時間就業による工期厳守を強いられていることである。

第二に、長時間就業に至らなかった手間請一人親方の特徴は、二つあり、一つが、仕事を確保できており、技術力への評価、元請企業との信頼関係が構築されているので、工期決定への一人親方の関与が可能であり、長時間就業を回避できていること、二つが、手間請一人親方の所属する企業が長時間就業を前提としない工期での一人親方の仕事確保を行っているので、長時間就業を回避できていることである。

第三に、長時間就業の材料持元請の一人親方の特徴は、工期は自分で決めることができるが、次の仕事があるかわからない状況なので、受付業務時間の延長や見積書作成時間の増大によって長時間就業に至っていること、逆に長時間就業に至らなかった材料持元請の一人親方は、仕事を確保できているので、受付業務時間の延長や見積書作成時間の増大をする必要がなく長時間就業を回避できていることである。

第四に、以上のことを踏まえれば、手間請と材料持元請という契約形態は異なれど、一人親方は次の仕事があるかわからないという雇用不安ならぬ請負不安のもとで長時間就業を受け入れざるを得ない状況におかれていることである。逆に長時間就業に至らなかった一人親方の事例では仕事を確保できていることが明らかになった。

以上のような実態を踏まえれば、長時間就業の一人親方は、不安定就業としての一人親方に相当すると考えられることを明らかにした。

5 章では 1 章から 4 章にかけて明らかにした不安定就業としての一人親方の定義に基づいて、『賃金調査』の個票データより、東京における不安定就業としての一人親方割合を明らかにしてきた。明らかになった点は以下の通りである。

第一に、2000 年代の東京において不安定就業としての一人親方は、概ね 3 割から 4 割弱で推移しており、また保護基準以下の一人親方を基軸としつつ、就業が不規則不安定な一人親方が増大する傾向にあることである。

第二に、一人親方の不安定就業の現状を「低賃金・低所得」の事例より分析した結果、重層下請下における低賃金化の事例、額面上は賃金が上昇したが自己負担の経費が増えたので結果的に低賃金となっている事例、取引先の企業が独立前から付き合いの深い企業なので、賃金引上げをいえず低賃金化した事例がみられた。

第三に、一人親方の不安定就業の現状を「就業の不安定化による生活基盤の喪失」の事例より分析した結果、一人親方の就業の不安定化による収入の低下・喪失は実際に生活基盤の喪失をもたらしうる可能性を孕んでいることが明らかになった。

第四に、一人親方の不安定就業の現状を「長時間就業による健康破壊」の事例より分析した結果、元請企業による事実上の長時間就業の強制あるいは、受注量の確保を目的に長時間就業に直面していることが明らかになった。

第五に、町場において一人親方の不安定就業化は、経験年数と収入増が比例していないこと、景気悪化による日額賃金の減少によってもたらされていること、また新丁場においては、重層下請制の下での中間搾取が一人親方の不安定就業化をもたらしていることが明らかになった。

以上が各章を通じて明らかになった知見である。本研究で明らかにしたことをまとめると以下のようにいえる。

まず、1 章から 4 章では、加藤の不安定就業指標のうちの 3 指標、すなわち①就業が不規則・不安定であること、②賃金ないし所得が極めて低いこと、③長労働時間あるいは労働の強度が高いこと、に依拠して、一人親方が不安定就業といえる指標の定義化を行った。

1、2 章では、指標②に該当する一人親方、すなわち公的な貧困線を下回る収入しか得られていない一人親方の量的把握を行った。次に 3 章では、指標①に該当する一人親方の定義を行った。3 章の結論としては、下請かつ生活保護基準以下の場合に一人親方は不安定就業といえることが明らかになった。この 1 章から 3 章にかけての分析によって、指標①に該当する一人親方は、指標②にも該当することが明らかになった。

4章では、指標③に該当する一人親方の定義を行った。結論は、一人親方は次の仕事があるかわからないという不安のもとで長時間就業を前提とした工事であっても請けざるを得ないという状況にあり、こうした長時間就業によって過労死に至るリスクのある一人親方、具体的には週就業時間60時間以上の一人親方を指標③に該当する一人親方と定義した。

指標③に該当する一人親方は指標①、②と一部重複するが、指標①と②以外の一人親方も一部が指標③に該当することが明らかになった。以上の点は、5章の図5-1で示したとおりである。

以上の1章から4章の分析に基づいて、5章では不安定就業としての一人親方の量的把握を行い、その結果、一人親方の3割から4割弱が不安定就業としての一人親方であるということが明らかになった。

以上のことから以下の点が指摘できる。第一に、かつて江口、加藤の研究によって一人親方はすべて不安定就業層であるとされたが、少なくとも今日の建設産業においては、一人親方のうち不安定就業といえるのは3割から4割弱である、ということである。また同様に一人親方のすべてが「彼らの生活状態が労働階級の平均的な標準的水準以下」にあるとは言えず、一人親方のすべてが停滞的過剰人口に含まれるとは言えないことが明らかになった。

我国の労働法制が、個人請負就労者を労働法の適用から除外する中で、本書が一人親方の3割から4割弱が不安定就業であることを実証した意義は大きい。本研究によって、一人親方は、労働者保護しなければ、貧困層に陥る可能性が高い存在であるということが明らかになったのである。

最後に本書で明らかになったことから指摘できることを整理してみたい。第一に、年収が事業主と呼べるほどに高いなど事業主性が強い場合を除いて、一人親方は労働者として保護するように政策を抜本的に変えるべきであろう。なぜなら、彼らの3割から4割弱が不安定就業であるにもかかわらず、彼らには労働条件の最低基準が存在しない。それ故に、貧困ラインを下回る報酬で働かされようと、過労死するほど長時間働かされようと、いつ契約を切られるかわからない日々をおくろうと、それを規制する手段がない。またそもそも賃金水準は労働者と同水準である。勿論、労働条件規制の手段は法的規制だけではなく、労働協約という方法もある。どのようなアプローチをとるにせよ、一人親方の労働条件の最低基準の確立は、差し迫った課題といえる。

また何も政策を講じなければ、国と業界にとっても損失が大きいということも付け加える必要がある。つまり何も政策を講じなければ、一人親方の3割から4割弱は、貧困層に陥る可能性があり、生活保護という形で国の財政を圧迫する可能性があるし、建設産業にとっては、一人親方が転職し、優秀な人材を失うというリスクがある。現在の建設産業の人材不足の現状を踏まえれば、このことは死活的な問題といえる。労働条件の最低基準の確立は、国と産業をあげて取り組むべき課題といえる。

第二に、一方で一人親方の6割前後は、不安定就業ではないという結果をどうみるかということであるが、これは、一つは、不安定就業とまではいかないが、賃金は労働者並みの一人親方が存在しているということである。このことは、文末資料「(参考表)一人親方の月当たり賃金階級別度数分布図」をみるとよくわかる。同表を見ると、2001年から2014年までの一人親方の賃金階級別分布で、一人親方のうち「10万未満」から「30万～40万未満」までの層の累積割合は60%弱から70%弱で推移しており、不安定就業ではないが、賃金が労働者並みの一人親方が大量に存在しているのである。

二つは、かつての一人親方が高収入を期待できる独立自営業者であったことから現在もその水準を維持できている人が一部存在しているということである。しかし、上述の参考表をみると、月賃金が100万を超える割合は1%未満であり、高収入の一人親方はわずかである。

つまり不安定就業ではない一人親方の多くとは、賃金が労働者並みの一人親方といえる。したがって、不安定就業なのが一人親方の3割から4割弱に過ぎないのだから労働者として保護しなくてもよいということにはならない。一人親方を労働者として保護することは、依然として重要なのである。

第三に指摘できることは、本書で用いた不安定就業指標は、客観的な労働条件に関わる要素を基準としており、それ故に、他の産業、職種における個人請負就労者への本指標の適用ができるということである。序章の注17でも示したように、個人請負就労者は、建設産業以外の様々な産業に存在しており、また脇田編(2011)が指摘するように労働法が適用されない下で劣悪な労働条件を強いられている事例が少なくない。

それ故に、今後は他の産業、職種の個人請負就労者への指標の適用を通じ、我が国における個人請負就労者の政策枠組みの構築に資する研究を進めていくことが重要といえる。

第四に指摘できることは、一人親方の不安定就業化は、個別的な問題ではないということである。彼らの不安定就業化の背景には、建設企業が、社会保険料等の負担を回避し、いつでも使いたいだけ使える労働力を確保し、利潤を増大させるために一人親方を活用しているという根本的問題がある。これは、今日本社会を覆っている非正規化と同種の問題であり、一人親方の不安定就業化の問題は、非正規化・個人請負化をどのように止めるのか、あるいはその社会的費用をどのようにして企業に負担させていくのか、という視点から考えていくこと重要といえる。

【文末資料：調査の概要と特徴】

本研究で用いた一次資料は全国建設労働組合総連合東京都連合会『賃金調査』と埼玉土建一般労働組合『生活実態調査』の個票データ及び筆者が一人親方を対象に行った聞き取り調査である『一人親方調査』の三つである。このうち『賃金調査』と『生活実態調査』の個票データは、指導教授の紹介のもとに、建設政策研究所、全国建設労働組合総連合東京都連合会、埼玉土建一般労働組合の協力を経て、活用させていただけることになった一次資料であり、『一人親方調査』は、神奈川土建一般労働組合および横浜建設一般労働組合の協力を得て、行った聞き取り調査である。

序章でも述べたとおり本研究における上記の三つの調査の位置づけは、基本的には『賃金調査』と『一人親方調査』を用いて分析を行い、この2つの調査では論証できない部分について『生活実態調査』を用いている。以下では各々の調査の概要を述べる。

1　全国建設労働組合総連合東京都連合会『賃金調査』

(1) 回答者数、対象地域

『賃金調査』は、全国建設労働組合総連合東京都連合会（以下「都連」という）が組合員を対象に行った賃金アンケート調査である。筆者は、『賃金調査』の2001年から2014年までの個票データを活用できる機会に恵まれた。『賃金調査』はいわゆる追跡調査の形態をとっていないため、同一コーホートや同一対象集団に対するものではない。そのため、東京都連に属する各組合員という性質以外、『賃金調査』の回答者の基本属性は毎年異なっている。

『賃金調査』は、都連傘下の組合にアンケート調査票が配布され、組合員が回答し回収されるので、調査対象者は東京在住の組合員[1]である。対象地域は、以下のとおりである。

・東京都区部(特別区、23区)

足立区、荒川区、墨田区、江東区、葛飾区、江戸川区、港区、品川区、大田区、世田谷区、中野区、杉並区、北区、板橋区、豊島区、練馬区、千代田区、中央区、新宿区、文京区、台東区、渋谷区、目黒区。

・市町村部(26市3町1村)

武蔵野市、三鷹市、調布市、狛江市、八王子市、町田市、日野市、多摩市、稲城市、青梅市、福生市、羽村市、あきる野市、瑞穂町、日の出町、檜原市、奥多摩町、小平氏、東村山市、東大和市、清瀬市、東久留米市、武蔵村山市、西東京市、立川市、府中市、昭島市、小金井市、国分寺市、国立市。

また回答者数は表1のとおりである。2001年から2014年の回答者総数の平均は2万2,905人である。このうち「手間請」「材料持ちの元請」「材料持ちの下請」の働き方区分を本研究では一人親方として用いる。

表1によれば、2001年から2014年の一人親方計の回答者数の平均は、4,809人である。総務省『国勢調査』によれば、東京の建設業・雇人のない業主数は、2000年が4万2,638人、2005年が4万2,247人、2010年が3万7,060人となっており、3か年平均は、4万648人なので、『賃金調査』の一人親方は、東京の一人親方のおよそ1割をカバーしているといえる。

表1 『賃金調査』の働き方別回答者数の推移 単位：人

	常用	手間請	常用・手間請の両方	材料持ちの元請	材料持ちの下請	その他	事業主	合計	一人親方計
2001年	9,440	2,051	2,207	1,251	994	813	5,612	22,368	4,296
2002年	8,285	2,013	1,850	1,296	997	797	6,464	21,702	4,306
2003年	8,737	2,282	1,839	1,391	1,253	1,187	7,003	23,692	4,926
2004年	9,390	2,473	1,817	1,605	1,165	2,140	7,462	26,052	5,243
2005年	8,153	2,415	1,579	1,454	1,021	1,889	7,069	23,580	4,890
2006年	8,716	2,375	1,733	1,435	1,118	1,813	6,676	23,866	4,928
2007年	10,049	2,722	1,955	953	1,294	1,298	7,161	25,432	4,969
2008年	9,380	2,613	1,787	942	1,351	1,345	6,640	24,058	4,906
2009年	10,149	2,608	2,097	883	1,240	1,703	7,418	26,098	4,731
2010年	8,972	2,587	1,724	813	1,214	1,872	6,592	23,774	4,614
2011年	9,281	2,630	2,025	818	1,169	1,778	6,223	23,924	4,617
2012年	6,796	1,589	1,940	2,955			4,893	18,173	4,544
2013年	7,226	1,614	2,114	3,475			4,368	18,797	5,089
2014年	7,249	1,603	2,077	3,658			4,563	19,150	5,261
平均	8,702	2,255	1,910	2,553		1,512	6,296	22,905	4,809

注1）「材料持ちの元請」「材料持ちの下請」は2012年以降、「材料持ち一人親方」に統合された。また2012年以降、「その他」の設問が削除されている。
注2）表1の働き方の7区分のうち「事業主」は、調査票が異なっている。
出所：全国建設労働組合総連合東京都連合会『賃金調査』の個票データより筆者作成。

(2) 調査項目

1) 属性

組合名、支部名、職種、年齢、経験年数、扶養家族数となっており、性別に関する設問はない。また職種は40種類に分類されており、具体的には**表2**のとおりである。

2) あなたの雇用主・事業主は、全建総連の組合に入っていますか。

「入っている」、「入っていない」、「わからない」のうちどれか一つに回答。

3) 今年5月の主な働き方はどれでしたか。

「常用」、「手間請」、「常用・手間請の両方」、「材料持ちの元請」、「材料持ちの下請」、「その他」の区分から回答。ただしこの区分は、2001年から2014年までに以下のように変更されている。

・「会社・店・不動産屋等の材料持ちの下請」(〜2003年)→「材料持ちの下請」(2004年〜2011年)→「材料持ち」(2012年〜2014年)

・「施主から直接請けた「自分仕事」」(〜2007年)→「材料持ちの元請」(2008年〜2011年)→「材料持ち」(2012年〜2014年)

・「その他」が2012年以降削除。

4) 5月の主な仕事先は民間工事ですか、公共工事ですか

「民間工事」、「公共工事」、「他」のどちらかに回答。

5) 仕事をするにあたって、書類で事業主と契約を結びましたか。

「雇用契約を結んだ」、「請負契約を結んだ」、「両方とも結んでいない」、「わからない」のうち一つを回答。

6) 5月の主な現場はどれでしたか。

「施主から直接請けた現場」、「町場の大工・工務店などの現場」、「大手住宅メーカーの現場」、「不動産建売会社の現場」、「地元(中小)住宅メーカーの現場」、「大手ゼネコン・野丁場の現場」、「地元(中小)ゼネコン・野丁場の現場」、「リフォーム会社・リニューアル会社などが元請の現場」、「その他元請の現場」の中から、どれか一つに回答。ただしこの区分は2001年から2014年にかけて以下のように変更されている。

・「施主から直接請けた現場」が2004年から新設。

・「不動産建売会社の現場」が2007年から新設。

・「不動産・リフォーム会社・デパートなどが元請の現場」(〜2003年)→「リフォーム会社・デパートなどが元請の現場」(2004年〜2006年)→「リフォーム会社・リニューアル会社などが元請の現場」(2007年〜2014年)

・「その他元請の現場」が2007年から新設。

7) 上の質問で答えた現場の主な元請企業はどこでしたか、元請企業を3つまで記入して下さい。

元請企業名を三つまで記述。

8) あなたの今年5月の賃金はおおよそいくらでしたか。

「1日あたり」、月給制(固定給)の人は「月額」で回答。ただし、2002年までは「6

表2　『賃金調査』の職種分類表

NO	職種	含む職種
1	大工	建築大工 数寄屋 宮大工 建築請負業 リフォーム 工務店 造作大工
2	左官	壁塗り
3	塗装	ガン吹き付け　看板　建築塗装
4	電工	電気設備　電気工事　配線　通信　照明ネオン
5	とび	足場組立　仮設建方　鉄骨とび　建築とび
6	配管	排水　配管　水道　管工事
7	土工	土方　穴掘り
8	鉄骨	鉄工　製缶　プレス　RC　AVC　重量とび　胴材　ALC
9	鉄筋	
10	板金	建築板金　ブリキ
11	タイル	レンガ　目地
12	建具	つりこみ
13	サッシ	ガラス　アルミサッシ
14	表具	経師　表装　ふすま
15	畳	
16	内装	クロス 床仕上げ 室内装飾 経天 防音 GL アンカー アイスプレー
17	造園	植木　庭師　植栽
18	防水	コーキング　シーリング
19	屋根	瓦　スレート　屋根ふき
20	石工	石屋　墓石　石材
21	型枠大工	仮枠大工
22	設備	保温 冷暖房 ガス配管 断熱 衛生ボイラー シャッター ユニットバス ダクト
23	建築金物	装飾金物
24	ブロック	エクステリア ボード 外装 外構 ラス 研磨 サイデイング フェンス
25	木工	家具　椅子　銘木
26	設計	建築設計
27	解体	型枠解体　ハツリ　メース
28	溶接	電気溶接　鍛冶　圧設
29	一般運転手	ダンプ　トレーラ　貨物　トラック　コンクリート　ミキサー
30	機械運転手	重機械　一般機械
31	建材	木材製材
32	雑役	
33	現場監督	
34	ビルメン	清掃　住宅クリーニング
35	土木	基礎 舗装 ボーリング 杭打ち コンクリート 生コン 圧送 ボンノ
36	測量	地質調査
37	事務	
38	交通整理員	
39	その他	
40	未記入	

出所：全国建設労働組合総連合東京都連合会『賃金調査』の個票データに添付された職種分類表より筆者作成。

月の賃金」の設問であった。

9) 昨年の5月と比べて賃金は上がりましたか。

「上がった」、「変わらない」、「下がった」のどれか一つに回答。

10) 5月は何日働きましたか。

就業した日数を回答。ただし、2002年までは「6月は何日働きましたか」の設問であった。

11) 5月の1日あたりの労働時間はどれだけでしたか（休憩時間含む）

1日何時間何分かを回答。

12) 5月の賃金の中で自己負担がある場合、その金額（月額）を記入して下さい。

「電車・バス代」、「ガソリン・燃料代」、「現場の駐車場代」、「高速料金」、「作業・安全用品（作業着・安全靴・安全帯）」「釘・金物代」の項目に金額を回答。なお「釘・金物代」は2009年調査より新設された項目で、それ以前は「その他」の設問があり、2009年調査より「その他」の設問は削除されている。

13) 5月に働いた現場の場所は主にどこですか

「東京23区内」、「三多摩」、「神奈川県」、「千葉県」、「埼玉県」、「その他」のどれか一つに回答。

14) 上記の現場までの通勤時間は片道でどのくらいかかりましたか。

通勤時間を回答。

15) あなたの仕事や暮らしに対するご意見・ご要望、現場の悩み・改善要求などを記入して下さい。

自由記述で回答。

(3) 年齢階級、職種別構成

『賃金調査』は東京在住の一人親方を対象とした調査であるが、全国と比較して違いは見られないだろうか。この点について全国を対象とした調査である『国勢調査』との比較から年齢階級別構成と職種別構成について検討する。**表3**は、『賃金調査』の職種階級別構成の推移をみたものである。

総務省『国勢調査』は職業(小分類)別の雇人のない業主数を調査しているので、建設業に従事する雇人のない業主数を把握することができる。『国勢調査』における建設業に従事する職業とは、建設作業者をさすが、建設作業者には含まれないが、建設業に従事する職業であると考えられる職業があるのでこれを抜き出す。これらの職業は表4のとおりである。

表4は、2000年、2005年、2010年の『国勢調査』の職業と2001年～2014年平均の『賃金調査』の職種構成比を対比させてみたものである。表4を見ると、『賃金調査』の職種別構成比は、『国勢調査』のそれと比較して、「大工」5.0%ポイント、「電気工事作業者」4.1%ポイント、「表具師」3.8%ポイント低くなっていることがわかる。また「その他の建設作業者」の割合が『賃金調査』のほうが20.8%ポイントも高いが、これは、表4の職業に該当しない『賃金調査』の職種をすべてカウントした結果である。

それ以外の職業構成比の『賃金調査』と『国勢調査』における差はおよそ±3%ポイントの範囲に留まっており、それほど大きな差異は見られない。すなわち『賃金調査』における職業別構成比は、「大工」、「電気工事士」、「表具師」及び『賃金調査』と『国勢調査』で比較ができない「その他の建設作業者」を除けば、全国のそれと概ね同様の構成であるといえよう。

次に年齢階級別構成比を検討していく。**表5**は、『賃金調査』における一人親方の年齢階級別構成比を『国勢調査』における雇人のない業主と比較してみたものである。表5を見ると、『賃金調査』の一人親方は、「50～59歳」で『国勢調査』の雇人のない業主よりも7.3%ポイント低いが、「60～69歳」では『国勢調査』よりも7.7%ポイント、「70歳以上」では同様に4.5%ポイント高くなっている。『賃金調査』の年齢階級別構成は、60歳以上の割合が全国平均よりも高いといえる。

表3　『賃金調査』における一人親方の職種別構成比　単位：%

	2001 年	2002 年	2003 年	2004 年	2005 年	2006 年	2007 年
大工	25.7	23.6	26.5	25.0	25.0	25.0	22.5
左官	2.5	2.5	2.2	2.8	2.2	2.4	3.3
塗装	6.9	7.3	7.7	7.3	7.5	7.4	7.8
電工	7.2	8.5	8.4	7.5	7.9	7.9	7.6
とび	1.8	1.5	1.3	2.0	1.4	1.5	1.1
配管	5.6	4.6	4.6	4.8	4.3	4.1	4.4
土工	0.4	0.1	0.2	0.2	0.3	0.2	0.2
鉄骨	1.5	1.3	1.3	1.5	1.4	1.4	1.2
鉄筋	0.4	0.4	0.4	0.6	0.6	0.7	0.4
板金	3.1	3.3	2.8	2.7	2.5	2.7	2.7
タイル	2.4	2.8	2.6	2.4	2.6	2.6	3.0
建具	1.4	1.6	1.7	1.4	1.4	1.2	1.7
サッシ	1.3	1.5	1.4	1.2	1.3	1.5	1.3
表具	0.7	1.0	0.6	0.6	0.7	0.8	0.7
畳	1.9	2.2	2.0	2.2	1.6	1.8	1.7
内装	9.4	8.8	8.9	9.5	9.4	9.0	10.3
造園	1.4	1.9	1.9	1.4	1.7	1.6	1.5
防水	1.2	1.2	1.6	1.1	1.4	1.5	1.4
屋根	0.5	0.8	0.8	0.7	0.6	0.6	0.7
石工	0.6	0.7	0.5	0.7	0.5	0.6	0.4
型枠大工	0.5	0.5	0.8	0.7	0.7	0.8	0.8
設備	3.4	2.8	3.6	3.5	3.7	4.0	4.9
建築金物	0.6	0.6	0.5	0.6	0.7	0.6	1.0
ブロック	1.4	1.1	1.2	1.1	1.3	1.5	1.4
木工	1.4	0.9	0.9	1.0	0.9	0.9	0.9
設計	1.5	1.3	1.1	1.3	1.0	1.4	0.7
解体	1.0	0.4	0.8	0.4	0.6	0.6	0.6
溶接	0.6	0.2	0.4	0.5	0.4	0.3	0.4
一般運転手	0.7	0.4	0.7	0.5	0.4	0.4	0.6
機械運転手	1.1	1.1	0.6	0.8	0.7	0.4	0.5
建材	0.2	0.1	0.2	0.1	0.1	0.1	0.1
雑役	0.0	0.1	0.0	0.0	0.0	0.0	0.0
現場監督	0.2	0.1	0.1	0.2	0.2	0.1	0.1
ビルメン	0.9	0.9	1.0	0.9	0.8	0.9	1.0
土木	1.4	1.2	1.5	1.7	1.5	1.5	1.5
測量	0.1	0.4	0.2	0.2	0.0	0.1	0.2
事務	0.2	0.3	0.2	0.2	0.3	0.1	0.1
交通整理員	0.0	0.0	0.0	0.0	0.0	0.0	0.0
その他	2.9	2.9	2.2	2.5	2.9	2.5	3.6
未記入	6.4	9.0	6.4	7.8	9.4	9.1	7.4
合計	100.0	100.0	100.0	100.0	100.0	100.0	100.0

出所：全国建設労働組合総連合東京都連合会『賃金調査』の個票データより筆者作成。

表3の続き

	2008年	2009年	2010年	2011年	2012年	2013年	2014年	01-14年計
大工	23.6	22.6	21.8	24.3	20.5	21.4	20.3	23.4
左官	2.6	2.4	2.3	2.3	2.9	2.4	2.6	2.5
塗装	7.4	7.8	7.5	7.5	7.7	7.9	8.2	7.6
電工	8.4	8.2	8.2	8.7	8.4	8.9	9.1	8.2
とび	1.5	1.6	1.6	1.8	1.7	1.5	1.4	1.6
配管	5.5	4.8	4.9	5.0	4.9	4.7	4.5	4.8
土工	0.2	0.3	0.4	0.3	0.2	0.3	0.3	0.3
鉄骨	1.2	1.5	1.0	1.1	0.9	0.9	1.0	1.2
鉄筋	1.0	0.8	0.7	0.5	0.6	0.6	0.6	0.6
板金	2.4	2.4	2.6	2.1	2.4	2.2	2.2	2.6
タイル	2.8	2.5	2.6	2.6	2.8	2.5	2.9	2.6
建具	1.3	1.4	1.2	1.4	1.5	1.5	1.5	1.4
サッシ	1.4	1.4	1.5	1.3	1.3	1.3	1.1	1.3
表具	0.4	0.5	0.7	0.5	0.5	0.6	0.5	0.6
畳	1.7	1.4	1.5	1.4	1.6	1.5	1.5	1.7
内装	10.2	11.2	10.6	9.9	10.1	10.3	10.7	9.9
造園	1.5	1.4	1.4	1.6	2.2	2.2	2.1	1.7
防水	2.1	1.9	1.9	1.8	2.1	2.0	2.2	1.7
屋根	0.5	0.4	0.4	0.7	0.5	0.5	0.5	0.6
石工	0.5	0.7	0.7	0.5	0.5	0.8	0.6	0.6
型枠大工	0.8	1.0	1.2	1.2	0.7	0.6	0.6	0.8
設備	3.8	4.4	4.8	5.1	5.6	4.8	5.8	4.3
建築金物	0.7	0.9	0.6	0.7	0.8	0.8	0.7	0.7
ブロック	1.8	1.4	1.8	1.6	1.6	1.6	1.8	1.5
木工	0.6	0.5	0.7	0.8	0.5	0.7	0.6	0.8
設計	0.7	0.8	1.0	0.9	1.5	1.2	1.3	1.1
解体	1.1	0.7	0.7	1.0	0.9	1.0	0.9	0.8
溶接	0.4	0.3	0.2	0.3	0.4	0.2	0.6	0.4
一般運転手	0.3	0.6	0.4	0.4	0.3	0.4	0.3	0.5
機械運転手	0.6	0.5	0.6	0.5	0.8	0.9	0.8	0.7
建材	0.1	0.1	0.0	0.1	0.1	0.0	0.1	0.1
雑役	0.0	0.0	0.0	0.0	0.0	0.1	0.0	0.0
現場監督	0.1	0.2	0.1	0.2	0.2	0.2	0.2	0.2
ビルメン	0.9	1.0	1.2	1.2	1.5	1.4	1.3	1.1
土木	1.6	1.8	1.5	1.3	1.6	1.6	1.4	1.5
測量	0.1	0.1	0.1	0.3	0.2	0.4	0.3	0.2
事務	0.2	0.1	0.2	0.2	0.1	0.1	0.1	0.2
交通整理員	0.0	0.0	0.0	0.0	0.0	0.0	0.0	0.0
その他	3.0	4.2	3.9	2.7	2.9	3.3	3.2	3.0
未記入	7.1	6.1	7.7	6.0	7.0	6.7	6.2	7.3
合計	100.0	100.0	100.0	100.0	100.0	100.0	100.0	100.0

出所：全国建設労働組合総連合東京都連合会『賃金調査』の個票データより筆者作成。

表4　『国勢調査』及び『賃金調査』の職業別構成比　　単位：%

	『国勢調査』(2000)	『国勢調査』(2005)	『国勢調査』(2010)	『国勢調査』(00・05・10平均)	『賃金調査』(01～14平均)
大工	29.0	27.7	28.5	28.4	23.4
とび職	0.9	1.2	1.5	1.2	1.6
ブロック積・タイル張作業者	2.7	2.3	1.9	2.3	4.1
屋根ふき作業者	1.2	1.1	1.1	1.1	0.6
左官	6.1	5.2	5.1	5.4	2.5
配管作業者	6.1	6.8	7.4	6.8	4.8
畳職	1.9	1.6	1.4	1.6	1.7
土木作業者	4.9	4.9	4.9	4.9	1.8
その他の建設作業者	15.4	17.7	19.2	17.4	38.2
建設作業者小計	68.1	68.4	70.9	69.1	78.7
石工	1.1	1.1	—	1.1	0.6
金属溶接・溶断作業者	2.3	2.1	1.9	2.1	0.4
板金作業者	3.5	3.1	3.2	3.3	2.6
塗装作業者、画工、看板制作作業者	8.6	8.2	9.1	8.6	7.6
建設機械運転作業者	1.2	0.8	0.8	0.9	0.7
電気工事作業者	10.7	12.0	14.2	12.3	8.2
表具師	4.4	4.4	—	4.4	0.6
職種計	100.0	100.0	100.0	100.0	100.0

注）2010年の『国勢調査』より「石工」は「窯業・土石製品製造従事者」に、「表具師」は「生産関連・生産類似作業従事者」に統合された。『土木作業者』は『賃金調査』の「土工」と「土木」の合計、『ブロック積・タイル張作業者』は、同様に「ブロック」と「タイル」の合計である。「塗装作業者、画工、看板制作作業者」は『賃金調査』の「塗装」に対応。

出所：全国建設労働組合総連合東京都連合会『賃金調査』の個票データ及び総務省『国勢調査』より筆者作成。

表5 『国勢調査』及び『賃金調査』における一人親方の年齢階級別別構成比　　単位：%

構成比	『賃金調査』									
	2001年	2002年	2003年	2004年	2005年	2006年	2007年	2008年	2009年	2010年
29歳以下	5.2	5.2	4.7	4.8	4.3	3.7	3.5	4.4	4.4	3.8
30～39歳	16.9	15.6	16.7	16.4	16.5	16.5	17.9	17.7	17.4	16.7
40～49歳	18.3	17.6	18.2	17.6	17.1	17.9	18.8	20.9	20.7	21.0
50～59歳	30.6	28.5	28.5	27.3	26.9	26.2	25.6	21.6	21.2	20.8
60～69歳	25.0	27.7	26.9	28.2	28.4	27.9	26.9	27.9	28.1	28.7
70歳以上	4.1	5.4	4.9	5.8	6.8	7.8	7.4	7.6	8.2	9.0
合計	100.0	100.0	100.0	100.0	100.0	100.0	100.0	100.0	100.0	100.0

構成比	『賃金調査』					『国勢調査』				国調-賃調
	2011年	2012年	2013年	2014年	01～14年計	2000年	2005年	2010年	00・05・10年平均	
29歳以下	3.5	2.3	2.0	1.8	3.8	5.6	4.1	2.8	4.2	0.4
30～39歳	15.0	12.8	11.9	11.2	15.6	15.6	18.7	18.0	17.5	1.8
40～49歳	21.8	23.2	24.5	24.4	20.2	26.8	20.2	21.4	22.8	2.6
50～59歳	19.5	20.3	20.0	20.4	24.0	32.1	33.9	27.9	31.4	7.3
60～69歳	29.6	29.8	28.8	27.5	28.0	17.2	18.9	24.9	20.3	-7.7
70歳以上	10.5	11.6	12.9	14.7	8.4	2.6	4.2	5.0	3.9	-4.5
合計	100.0	100.0	100.0	100.0	100.0	100.0	100.0	100.0	100.0	0.0

出所：全国建設労働組合総連合東京都連合会『賃金調査』の個票データ及び総務省『国勢調査』より筆者作成。

(4) データの特性

『賃金調査』の調査対象は東京在住の都連組合員であり、本研究ではこの中から一人親方を抽出し、分析を行っているのであるが、『賃金調査』における一人親方の賃金が全国あるいは地方の一人親方の賃金水準と比較してどの程度の水準にあるのか、この点を以下で検討していく。

一人親方に類似する就業者を調査対象としている政府統計には、『国勢調査』、『労働力調査』、『就業構造基本調査』、『個人企業経済調査』がある。このうち『国勢調査』と『労働力調査』は、賃金・所得に関する設問がない。『個人企業経済調査』は、個人企業の売上高、仕入高、営業費等を調査しているが、調査対象産業に建設業がない。したがって、全国における一人親方の賃金水準を知るのに残された調査は、『就業構造基本調査』のみである。

そこで『就業構造基本調査』の設問項目をみると、建設業、雇人のない業主、所得と一人親方の賃金水準を把握するのに必要な項目がすべてある。しかしながら、総務省（2012）『就業構造基本調査報告（全国編）』に目を通すと、建設業・雇人のない業主の所得を掲載した表はない。あるのは建設業・自営業主の所得階級別分布表のみである。筆者が総務省に問い合わせたところ[2]、報告書非掲載表を含めて、集計しているデータの中で、建設業・雇人のない業主の所得がわかるものはないとのことであった。

したがって、筆者は、全国の一人親方の賃金水準がわかる調査を得られなかった。それ故に、以下では、『就業構造基本調査』を用いた建設業自営業主の所得水準との比較や地方における一人親方の賃金水準を調査した既存調査などを援用して、『賃金調査』にける一人親方の賃金水準が全国と比較してどの程度の水準にあるのか述べる。

最初に、『賃金調査』の基本統計量を示すと**表 6** のようになる。このうち一人親方のデータを抽出し、一人親方の月当たり賃金のデータの特性を示すと**表 7** のようになる。

表 7 をみると、例えば、2014 年の一人親方の賃金は、平均値 37 万 2,765 円、

表6　『賃金調査』の回答者の基本統計量

（歳）		年齢	経験年数	扶養家族数	賃金（日額）	賃金（月給制）	就業日数	労働時間
		（年）	（人）	（円）	（円）	（日）	（時間）	（時間）
2001年（17,700人）	平均値	47.70	23.86	1.51	17,035.34	336,364.44	20.83	8.50
	標準偏差	13.49	14.04	1.30	5,495.18	141,852.29	5.60	1.60
2002年（16,040人）	平均値	48.05	24.48	1.66	16,755.57	341,499.64	20.67	8.52
	標準偏差	13.63	14.12	1.25	4,642.21	128,350.99	5.50	1.47
2003年（17,719人）	平均値	48.56	24.78	1.55	16,795.43	337,935.43	20.23	8.44
	標準偏差	13.55	14.10	1.26	4,738.07	142,740.07	5.50	1.52
2004年（18,590人）	平均値	46.63	24.72	1.57	16,603.66	338,786.89	20.21	8.64
	標準偏差	13.65	14.14	1.25	4,444.34	123,278.83	5.23	1.48
2005年（16,511人）	平均値	49.11	25.14	1.55	16,683.59	340,039.35	20.34	8.60
	標準偏差	13.65	14.24	1.37	4,517.78	122,703.04	5.28	1.59
2006年（17,190人）	平均値	49.45	25.31	1.53	16,816.16	338,205.29	20.46	8.58
	標準偏差	13.74	14.37	1.25	4,543.41	125,780.53	5.33	1.55
2007年（18,833人）	平均値	49.30	24.90	1.53	16,942.34	342,650.30	20.83	8.52
	標準偏差	13.73	14.27	1.28	4,796.21	124,963.96	4.89	1.43
2008年（18,050人）	平均値	49.29	24.91	1.51	16,929.19	340,586.37	20.14	8.49
	標準偏差	13.72	14.27	1.28	4,674.54	126,901.13	5.22	1.45
2009年（18,812人）	平均値	49.18	24.86	1.54	16,406.77	321,079.00	19.04	8.40
	標準偏差	13.66	14.24	1.29	4,349.03	125,150.51	5.45	1.45
2010年（17,761人）	平均値	51.25	26.55	1.47	16,981.70	330,278.92	20.68	8.44
	標準偏差	13.75	14.55	1.29	4,968.31	126,486.92	5.15	1.48
2011年（18,223人）	平均値	49.92	25.26	1.55	15,903.97	315,451.20	19.57	8.42
	標準偏差	13.70	14.21	1.28	4,401.90	118,190.09	5.36	1.50
2012年（14,684人）	平均値	50.43	26.03	1.49	16,423.79	322,390.02	20.26	8.47
	標準偏差	13.55	14.35	1.30	120,942.11	4,767.19	5.47	1.52
2013年（15,955人）	平均値	50.90	26.10	1.54	16,581.45	326,142.30	20.66	8.45
	標準偏差	13.66	14.22	1.28	4,787.40	124,336.06	5.20	1.51
2014年（16,267人）	平均値	49.90	25.36	1.52	15,947.82	316,762.66	19.06	8.44
	標準偏差	13.60	14.18	1.28	4,471.15	120,900.50	5.66	1.53

注）小数点第三位以下四捨五入。
出所：全国建設労働組合総連合東京都連合会『賃金調査』の個票データより筆者作成。

表7 『賃金調査』における一人親方の月あたり賃金の統計量

	2001年	2002年	2003年	2004年	2005年	2006年	2007年
回答数	3,223	2,864	3,527	2,871	3,084	3,139	3,596
平均	376,587	356,881	361,586	325,970	357,205	363,111	376,496
中央値	375,000	360,000	360,000	320,000	360,000	360,000	374,000
最頻値	500,000	300,000	300,000	300,000	300,000	400,000	500,000
最大値	1,800,000	1,500,000	1,550,000	1,000,000	1,840,000	1,500,000	1,680,000
最小値	7,000	10,000	15,000	11,000	13,000	10,000	10,000
標準偏差	168,059.4	152,585.9	154,651.7	123,386.6	150,239.9	152,601.1	160,485.7

	2008年	2009年	2010年	2011年	2012年	2013年	2014年
回答数	3,643	3,432	3,399	3,009	3,494	3,902	3,836
平均	356,411	316,516	312,397	303,837	348,070	359,194	372,765
中央値	360,000	300,000	300,000	288,000	345,000	360,000	368,000
最頻値	300,000	300,000	300,000	300,000	400,000	400,000	500,000
最大値	1,750,000	1,500,000	1,395,000	4,500,000	1,610,000	1,550,000	1,680,000
最小値	13,000	10,000	5,000	13,333	10,000	10,000	5,000
標準偏差	159,180.7	146,927.4	146,680.2	193,514.1	166,213.3	162,749.2	171,163.2

出所：全国建設労働組合総連合東京都連合会『賃金調査』の個票データより筆者作成。

中央値36万8,000円、最頻値50万円、最大値168万円、最小値5,000円、標準偏差171,163.2となる。ところで東京以外の地域における一人親方の賃金水準を調査したものには、全京都建築労働組合の行っている賃金アンケート調査、徳島県建設労働組合が2005年に行った（報告・分析は建設政策研究所）『徳島県労賃金・生活実態調査報告書』、都連を含む首都圏4建設労働組合の賃金調査結果を分析した建設政策研究所（2013）『首都圏4組合賃金実態調査分析報告書』がある。

これらの調査結果と比較して都連の『賃金調査』における一人親方の賃金水準が全国と比較してどの程度の位置にあるのか明らかにする。

まず全京都建築労働組合が行った賃金アンケート調査であるが、その結果は、同労働組合の機関紙である『建築ニュース』（隔週発行）に掲載されている。筆者はこのうち、2006年、2010年、2012年～2014年の『建築ニュース』[3]を入手することができた。同調査のサンプル数は、労働者、事業主含めて、2006年6,228人、2010年6,109人、2012年4,996人、2013年4,100人、2014年4,577人である。

同機関誌より全京都建築労働組合の一人親方（2006年・2010年が常用［一人親方の］＋手間請、2012年〜2014年が常用［一人親方の］＋手間請＋材料持ち＋施主直接）の賃金は、2006年日額17,511円（就業日数の記載なし）、2010年日額1万6,710円、就業日数18.4日、2012年日額1万7,841円、就業日数19.4日、2013年日額1万8,634円、就業日数18.7日、2014年日額1万8,449円、就業日数19.4日である。

したがって、全京都建築労働組合の一人親方の月額賃金は、2010年30万7,464円、2012年34万6,115円、2013年34万8,456円、2014年35万7,911円である。また『徳島県労賃金・生活実態調査報告書』、4頁より徳島の一人親方の月額賃金は、2005年日額1万4,500円、就業日数19.1日の27万6,950円である。表7を踏まえれば、都連の『賃金調査』における一人親方の賃金は、京都の一人親方と比べて、2010年が4,921円、2012年が1,955円、2013年が1万738円、2014年が1万4,854円高いが、賃金水準は概ね同水準といえる。一方で徳島の一人親方と比較すると、8万255円高く、『賃金調査』の一人親方の賃金は、徳島の一人親方の賃金の1.3倍である。

建設政策研究所（2013）『首都圏4組合賃金実態調査分析報告書』[4]によれば、2013年の一人親方（手間請＋材料持）の賃金は、神奈川41万7,351円、埼玉37万153円、千葉40万8,366円である。都連の『賃金調査』における一人親方の賃金は、神奈川より5万8,157円、千葉より4万9,172円、埼玉より1万959円低いのである。

つまり本研究で用いる『賃金調査』における一人親方の賃金は、徳島の一人親方の賃金よりは高いが、神奈川、埼玉、千葉という首都圏の一人親方の賃金よりは低く、京都の一人親方の賃金とほぼ同水準であるといえる。

最後に、総務省（2012）『就業構造基本調査』を用いて、全国の建設業・自営業主の所得階級別分布と『賃金調査』の一人親方の賃金階級別分布の比較を通じて、『賃金調査』の一人親方の賃金水準を確認する。所得階級別分布の比較を行う理由は、『就業構造基本調査』は、建設自営業者の平均所得を集計していないので、平均値の比較ができないからである。

『就業構造基本調査』では、「所得」を以下のように定義している。「本業から通常得ている年間所得(税込み額)をいう(現物収入は除く)」[5]で「自営業主の所得」に関してはさらに、「過去1年間に事業から得た収益、すなわち、売上総額からそれに必要な経費を差し引いたもの」[6]と定義している。そこで『賃金調査』の一人親方の月当たり賃金を12倍したものを年間所得とみなしてそこから自己負担の経費(調査項目12を参照)を差し引いた金額を一人親方の所得とみなし、所得階級別分布を『就業構造基本調査』の建設業自営業主と比較したのが、**図1**である。

なお建設自営業主には、「雇人のない業主」だけでなく「雇人のいる業主」も含まれる。したがって、建設自営業者には、一人親方よりも上層の自営業者が含まれている。

以上の点を踏まえて、図1をみると、『賃金調査』の一人親方の所得は、全国の建設自営業主と比較して以下の点が指摘できる。第一に、年間所得「50万円未満」の割合が高いこと、第二に、年間所得「50～300万円未満」の階層

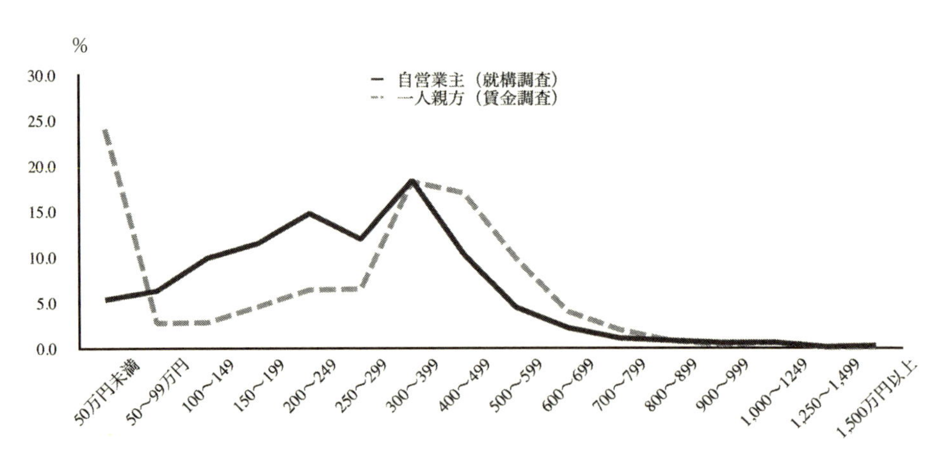

図1　建設業自営業主と一人親方の年間所得階級別分布（2012年）

注1）一人親方の年間所得＝日額賃金×就業日数×12／自己負担の経費で算出。一人親方は、手間請＋材料持ち元請＋材料持ち下請。

注2）経費とは、「電車・バス代」、「ガソリン・燃料代」、「現場の駐車場代」、「高速料金」、「作業・安全用品（作業着・安全靴・安全帯）」「釘・金物代」をさす。

出所：全国建設労働組合総連合東京都連合会（2012）『賃金調査』の個票データ及び総務省（2012）『就業構造基本調査』より筆者作成。

の割合が建設自営業者よりも少ないこと、第三に、年間所得「400 〜 800 万円未満」の階層の割合が建設自営業者よりも多いこと、の 3 点である。

このことから、『賃金調査』における一人親方の賃金は、低所得層の分布が建設自営業者と異なっていることが指摘できる。つまり、建設自営業者は、低所得層が所得階級別に比較的均一に分布しているのに対し、一人親方は、年間所得「50 万円未満」という極めて所得の低い層に分布が集中しているのである。一人親方の所得分布は、建設自営業者と比較してみれば、極めて所得が低い層と年間所得「400 〜 800 万円未満」の中間層に二極化しているといえよう。

なお、参考表として 2001 年から 2014 年の各年の一人親方の月当たり賃金階級別度数分布図を以下、掲載する。

（参考表）一人親方の月当たり賃金階級別度数分布図

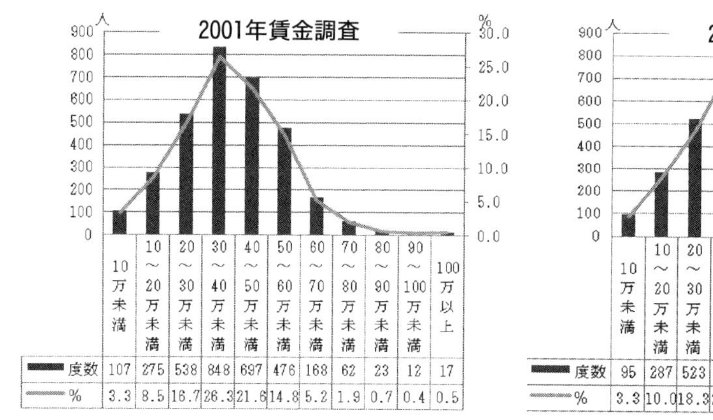

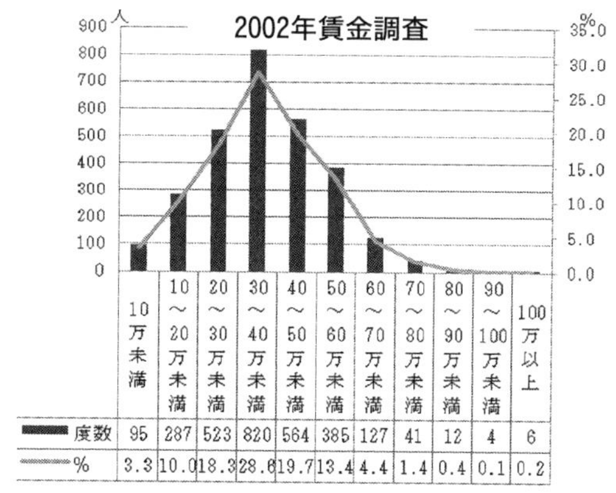

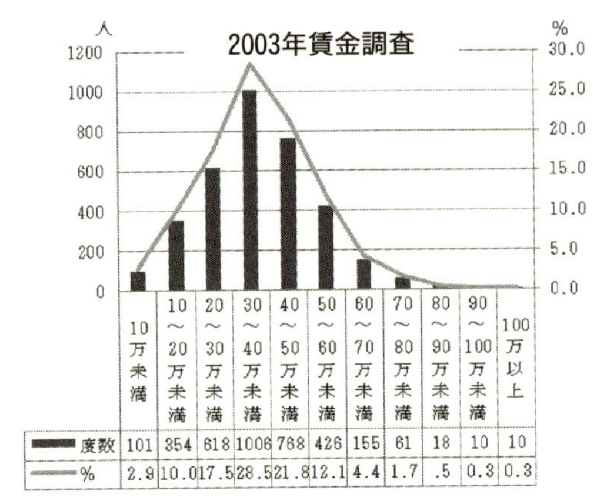
2003年賃金調査
人
%
度数
%
10万未満
10～20万未満
20～30万未満
30～40万未満
40～50万未満
50～60万未満
60～70万未満
70～80万未満
80～90万未満
90～100万未満
100万以上
度数 101 354 618 1006 768 426 155 61 18 10 10
% 2.9 10.0 17.5 28.5 21.8 12.1 4.4 1.7 .5 0.3 0.3

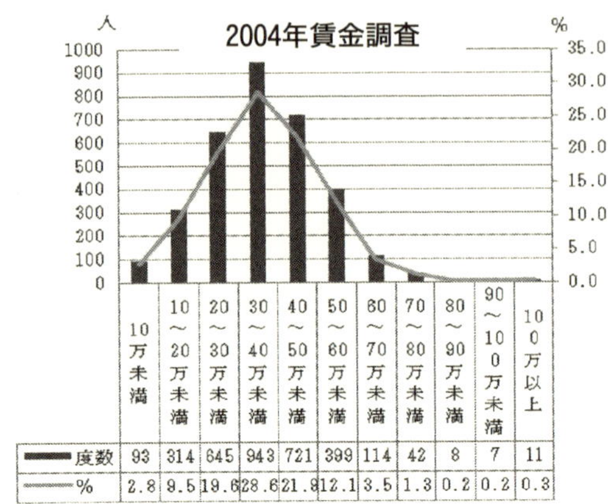
2004年賃金調査
人
%
10万未満
10～20万未満
20～30万未満
30～40万未満
40～50万未満
50～60万未満
60～70万未満
70～80万未満
80～90万未満
90～100万未満
100万以上
度数 93 314 645 943 721 399 114 42 8 7 11
% 2.8 9.5 19.6 28.6 21.8 12.1 3.5 1.3 0.2 0.2 0.3

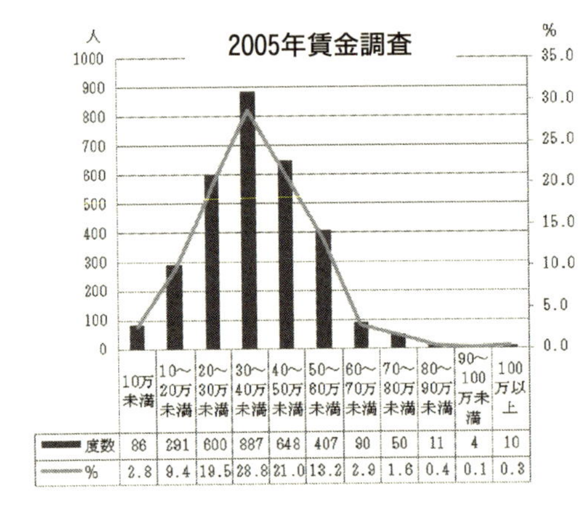
2005年賃金調査
人
%
10万未満
10～20万未満
20～30万未満
30～40万未満
40～50万未満
50～60万未満
60～70万未満
70～80万未満
80～90万未満
90～100万未満
100万以上
度数 86 291 600 887 648 407 90 50 11 4 10
% 2.8 9.4 19.5 28.8 21.0 13.2 2.9 1.6 0.4 0.1 0.3

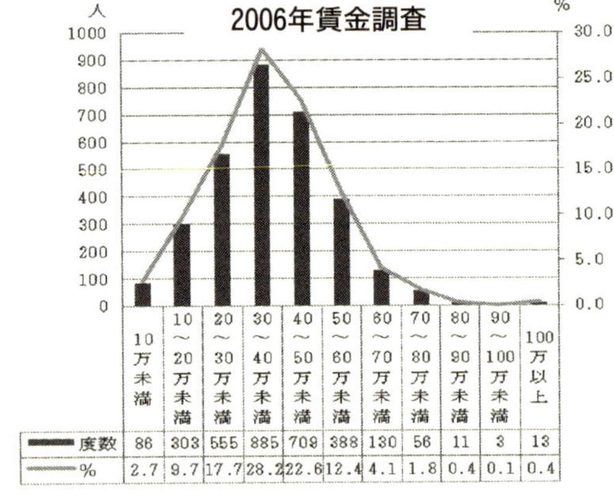
2006年賃金調査
人
%
10万未満
10～20万未満
20～30万未満
30～40万未満
40～50万未満
50～60万未満
60～70万未満
70～80万未満
80～90万未満
90～100万未満
100万以上
度数 86 303 555 885 709 388 130 56 11 3 13
% 2.7 9.7 17.7 28.2 22.6 12.4 4.1 1.8 0.4 0.1 0.4

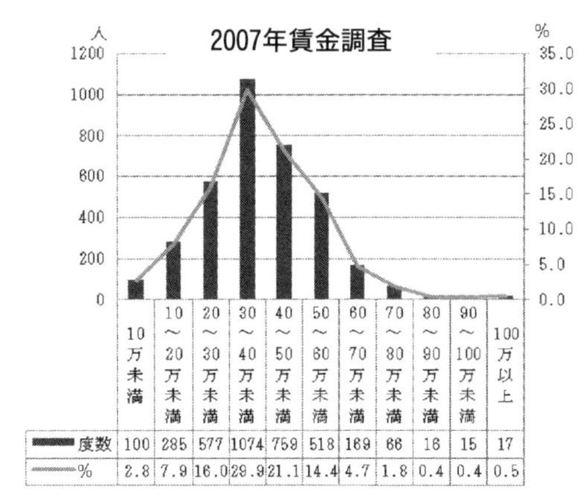
2007年賃金調査
人
%
度数 100 285 577 1074 759 518 169 66 16 15 17
% 2.8 7.9 16.0 29.9 21.1 14.4 4.7 1.8 0.4 0.4 0.5
10万未満
10～20万未満
20～30万未満
30～40万未満
40～50万未満
50～60万未満
60～70万未満
70～80万未満
80～90万未満
90～100万未満
100万以上

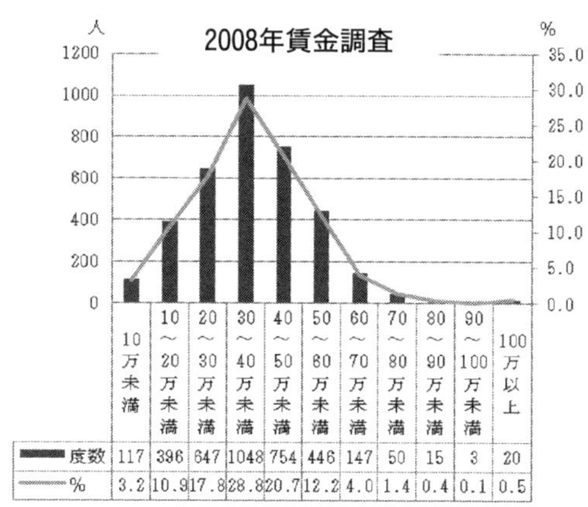
2008年賃金調査
人
%
度数 117 396 647 1048 754 446 147 50 15 3 20
% 3.2 10.9 17.8 28.8 20.7 12.2 4.0 1.4 0.4 0.1 0.5
10万未満
10～20万未満
20～30万未満
30～40万未満
40～50万未満
50～60万未満
60～70万未満
70～80万未満
80～90万未満
90～100万未満
100万以上

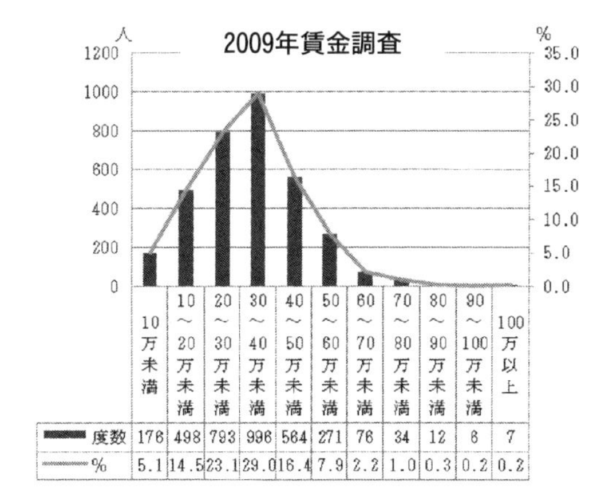
2009年賃金調査
人
%
度数 176 498 793 996 564 271 76 34 12 6 7
% 5.1 14.5 23.1 29.0 16.4 7.9 2.2 1.0 0.3 0.2 0.2
10万未満
10～20万未満
20～30万未満
30～40万未満
40～50万未満
50～60万未満
60～70万未満
70～80万未満
80～90万未満
90～100万未満
100万以上

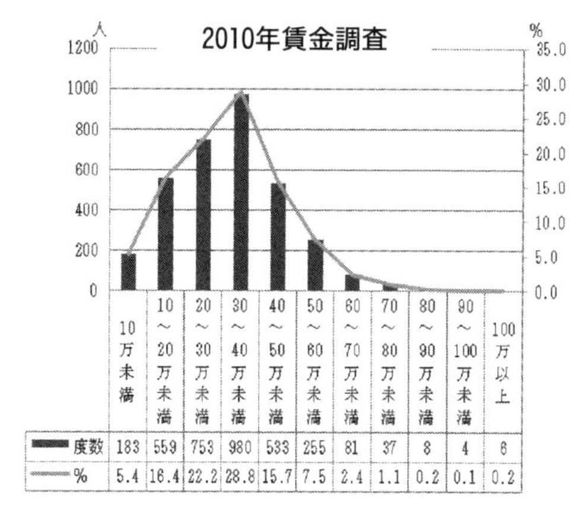
2010年賃金調査
人
%
度数 183 559 753 980 533 255 81 37 8 4 6
% 5.4 16.4 22.2 28.8 15.7 7.5 2.4 1.1 0.2 0.1 0.2
10万未満
10～20万未満
20～30万未満
30～40万未満
40～50万未満
50～60万未満
60～70万未満
70～80万未満
80～90万未満
90～100万未満
100万以上

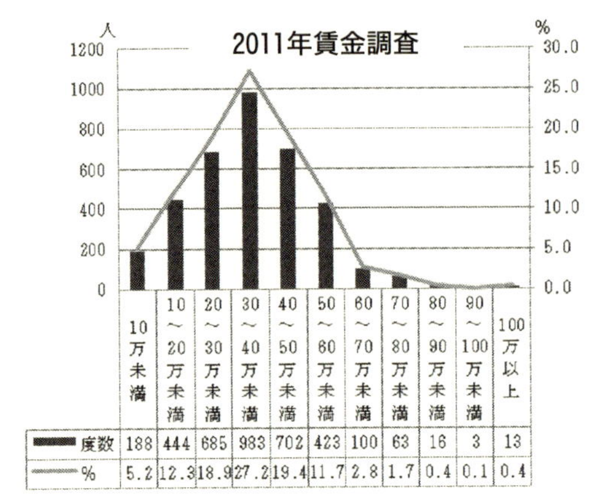

	10万未満	10～20万未満	20～30万未満	30～40万未満	40～50万未満	50～60万未満	60～70万未満	70～80万未満	80～90万未満	90～100万未満	100万以上
度数	188	444	685	983	702	423	100	63	16	3	13
%	5.2	12.3	18.9	27.2	19.4	11.7	2.8	1.7	0.4	0.1	0.4

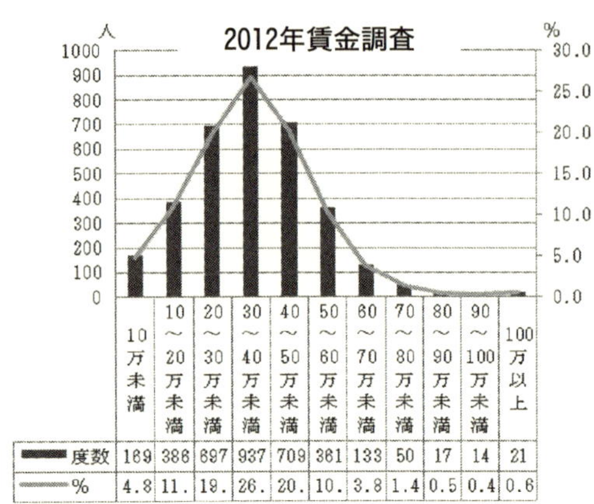

	10万未満	10～20万未満	20～30万未満	30～40万未満	40～50万未満	50～60万未満	60～70万未満	70～80万未満	80～90万未満	90～100万未満	100万以上
度数	169	386	697	937	709	361	133	50	17	14	21
%	4.8	11.	19.	26.	20.	10.	3.8	1.4	0.5	0.4	0.6

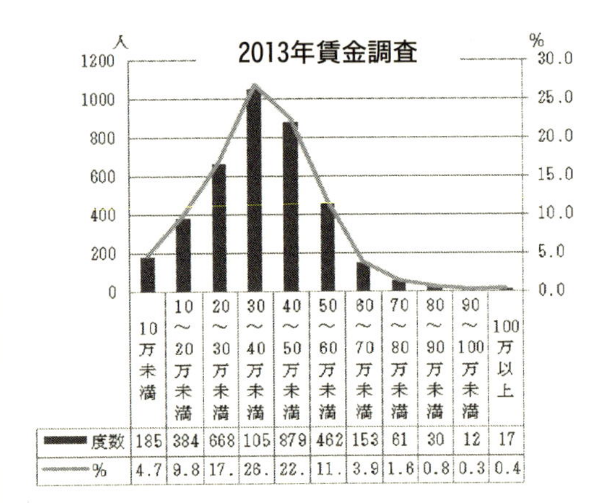

	10万未満	10～20万未満	20～30万未満	30～40万未満	40～50万未満	50～60万未満	60～70万未満	70～80万未満	80～90万未満	90～100万未満	100万以上
度数	185	384	668	105	879	462	153	61	30	12	17
%	4.7	9.8	17.	26.	22.	11.	3.9	1.6	0.8	0.3	0.4

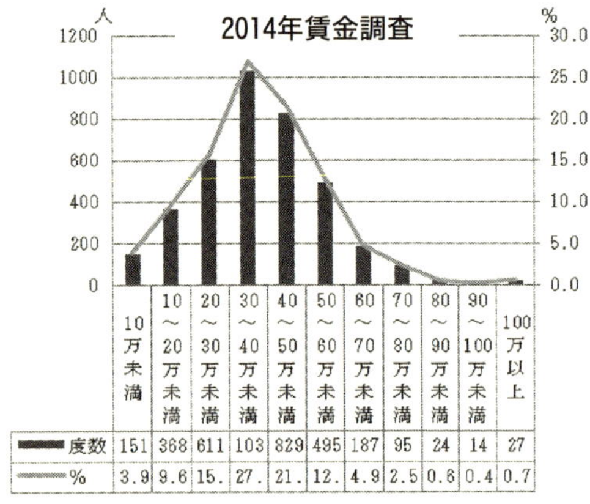

	10万未満	10～20万未満	20～30万未満	30～40万未満	40～50万未満	50～60万未満	60～70万未満	70～80万未満	80～90万未満	90～100万未満	100万以上
度数	151	368	611	103	829	495	187	95	24	14	27
%	3.9	9.6	15.	27.	21.	12.	4.9	2.5	0.6	0.4	0.7

2　埼玉土建一般労働組合『生活実態調査』

(1) 回答者数、対象地域

『生活実態調査』は、埼玉土建一般労働組合（以下「埼玉土建」という）が2011年6月1日から30日までの収入の合計と支出の合計について組合員を対象に行ったアンケート調査である。筆者は、同調査の報告書の執筆を建設政策研究所より請負っていた関係で『生活実態調査』の個票データを入手できた。

『生活実態調査』の特徴は、家族の収入など、一人親方の賃金以外の収入を調査しているところにあり、『賃金調査』では把握できない一人親方世帯における世帯所得の把握が可能になっていることがあげられる。

『生活実態調査』は、埼玉土建の各地域支部にアンケート調査票が配布され、その地域支部から組合員にアンケートが配布され、組合員が回答し、回収されるので、調査対象者は埼玉在住の組合員である。調査対象支部は、以下のとおりである。

蕨戸田支部、三郷支部、新座支部、飯能日高支部、朝志和支部、越谷支部、坂戸支部、久喜幸手支部、春日部支部、さいたま北支部、所沢支部、入間支部、川口支部、ふじみ野支部、八潮支部、草加支部、狭山支部、川越支部、上尾伊奈支部、中部支部、さいたま南支部、深谷寄居支部、岩槻蓮田支部、東松山支部、猿島土建、吉川松伏支部、比企西部支部、行田羽生支部、宮代支部、加須支部、秩父支部、本庄支部、熊谷支部。

また回答者数は**表8**のとおりである。回答者数は、3,955人である。なお同調査における「個人事業主」とは「職人・労働者を常時使う個人事業主」と定義されており、自営業主の中でもいわゆる雇有業主、雇人のある業主に相当すると考えられる。

これに対して、「一人親方」とは、「人を使わずにまた人に使われもしない一人親方」、「手間請」とは、「材料を支給され請け負う代金が労務のみの手間請」と定義されている。それ故に本研究では、「一人親方」と「手間請」を一人親方として用いる。表８をみると、「一人親方」と「手間請」の回答者数は合わせて1,090人である。

表8　『生活実態調査』の働き方別回答者数（2011）

	度数（人）	%
有限・株式会社などの代表か役員	549	14.0
個人事業主	321	8.2
一人親方	683	17.4
手間請	407	10.4
常用職人	1,174	30.0
その他	271	6.9
無回答	512	13.1
合計	3,955	100.0

出所：埼玉土建一般労働組合（2011）『生活実態調査』の個票データより筆者作成。

(2) 調査項目

1) 属性

組合支部名、職種、年齢、経験年数、同居家族数（本人除く）、うち扶養家族数、本人以外に収入がある同居家族数となっており、性別に関する設問はない。また職種分類は『賃金調査』と同じである。

2) あなたの６月の働き方はどれでしたか。

「有限会社か株式会社などの代表か役員」、「職人・労働者を常時使う個人事業主」、「人を使わずにまた人に使われもしない一人親方」、「材料を支給され請け負う代金が労務のみの手間請」、「事業主、親方にやとわれて働く労働者」「その他」のうちどれか一つに回答。

3) ６月の主な現場はどれでしたか。

「施主から直接請けた新築・増築などの現場」、「工務店の下請けの現場」、「大手住宅企業の現場」、「中小・地場住宅企業の現場」、「大手ゼネコンの現場」、「地場ゼネコンの現場」、「その他の現場」の中から、どれか一つに回答。

4) 6月の収入はいくらでしたか。

月額を回答。

5) 妻の収入、妻以外の家族からの収入はいくらでしたか。

月額を記入。

6) 妻（配偶者）の働き方をお答えください。

「正社員」、「パート」、「アルバイト」、「派遣社員」、「家族専従者」、「その他」のうちどれか一つを回答。

7) 今の生活についてどのように感じますか？

「ややゆとりを感じる」、「普通と思う」、「やや苦しい」、「かなり苦しい」のうちどれか一つに回答。

8) 世帯収入（家族全員の収入）は、昨年とくらべて変化していますか。

「減収になった」、「増収した」、「変わらない」のうちどれか一つに回答。

9) 家計で生活を圧迫している出費はどのようなものですか？

「食費」、「家賃・住宅ローン」、「水道光熱費」、「教育費」、「生命保険等」、「税金」、「自動車費」、「交際費」、「医療・介護費」、「趣味娯楽」、「通信費」、「各種会費」、「その他」からあてはまるものを回答（複数回答可）。

10) 家賃もしくは住宅ローンの月額負担額はいくらですか？

「なし」、「3万円未満」、「5万円未満」、「7万円未満」、「9万円未満」、「11万円未満」、「13万円未満」、「13万円以上」のうち一つに回答。

(3) 年齢階級、職種別構成

『生活実態調査』についても『賃金調査』と同様に、『国勢調査』との比較によって、年齢別、職種別構成を検討する。**表9**は『生活実態調査』における一人親方の職種別構成比をみたものである。この職種別構成比を、表4の2010年の『国勢調査』の職業別雇人のない業主構成比と対応させてみると、『生活実態調査』の職種別構成比は、『国勢調査』のそれと比較して、「配管作業者」が4.3%

表9　『生活実態調査』における一人親方の職種別構成比　単位：%

	度数	%		度数	%
大工	292	26.8	設備	45	4.1
左官	39	3.6	建築金物	9	0.8
塗装	63	5.8	ブロック	37	3.4
電工	124	11.4	木工	8	0.7
とび	19	1.7	設計	17	1.6
配管	34	3.1	解体	3	0.3
土工	1	0.1	溶接	6	0.6
鉄骨	11	1.0	一般運転手	9	0.8
鉄筋	1	0.1	機械運転手	6	0.6
板金	21	1.9	建材	3	0.3
タイル	25	2.3	雑役	0	0.0
建具	11	1.0	現場監督	0	0.0
サッシ	14	1.3	ビルメン	10	0.9
表具	4	0.4	土木	24	2.2
畳	10	0.9	測量	3	0.3
内装	82	7.5	事務	1	0.1
造園	19	1.7	交通整理員	0	0.0
防水	14	1.3	その他	66	6.1
屋根	7	0.6	未記入	37	3.4
石工	8	0.7	合計	1,090	100.0
型枠大工	7	0.6			

出所：埼玉土建一般労働組合（2011）『生活実態調査』の個票データより筆者作成。

表10『国勢調査』と『生活実態調査』における
一人親方の年齢階級別構成比　単位：%

	『生活実態調査』（2011年）	『国勢調査』（2010年）	『国勢調査』－『生活実態調査』
29歳以下	1.7	2.8	1.1
30～39歳	15.4	18.0	2.6
40～49歳	18.5	21.4	2.8
50～59歳	19.8	27.9	8.1
60～69歳	34.3	24.9	-9.4
70歳以上	10.2	5.0	-5.2
合計	100.0	100.0	—

出所：埼玉土建一般労働組合（2011）『生活実態調査』の個票データ及び総務省（2010）『国勢調査』より筆者作成。

ポイント低く、「その他の建設作業者」が14.7%ポイント高いが、それ以外の職業構成比の『生活実態調査』と『国勢調査』における差はおよそ±3%ポイントの範囲に留まっており、それほど大きな差異は見られない。

すなわち『生活実態調査』における職種別構成比は、「配管作業者」と『生活実態調査』と『国勢調査』で比較ができない「その他の建設作業者」を除けば、全国のそれと概ね同様の構成であるといえよう。

次に年齢階級別構成比を検討していく。**表10**は、『生活実態調査』における一人親方の年齢階級別構成比を2010年の『国勢調査』における雇人のない業主と比較してみたものである。表10を見ると、『生活実態調査』の一人親方は、「50～59歳」で『国勢調査』の雇人のない業主よりも8.1%ポイント低いが、「60～69歳」では『国勢調査』よりも9.4%ポイント、「70歳以上」では同様に5.2%ポイント高くなっている。『生活実態調査』の年齢階級別構成は、60歳以上の割合が全国平均よりも高いといえる。

(4) データの特性

『生活実態調査』における一人親方の賃金が全国あるいは地方の一人親方の賃金水準と比較してどの程度の水準にあるのか、この点を、『賃金調査』と同様に以下検討していく。

最初に、『生活実態調査』の基本統計量を示すと**表11**のようになる。このうち一人親方のデータを抽出し、一人親方の収入、妻の収入、妻以外の収入のデータの特性を示すと**表12**のようになる。

表12をみると、『生活実態調査』における一人親方の月額収入は、平均値31万4,573円、中央値30万円、最頻値30万円、最大値150万円、最小値2万円、標準偏差171,564.9であった。さらに『賃金調査』と同様に各地域の一人親方の賃金と比較したのが、**表13**である。表13を見ると、『生活実態調査』における一人親方の月収は、神奈川、千葉よりおよそ7～9万円低く、東京、京都とほぼ同水準、徳島より4万円弱高いといえる。

表11　『生活実態調査』の回答者の基本統計量

（歳）		年齢	経験年数	同居家族数	6月の収入（月額）	妻の収入（月額）	妻以外の収入（月額）
		（年）	（人）	（円）	（円）	（円）	
回答数	平均値	51.66	25.76	2.37	310,651.16	120,113.55	140,609.96
（3,955 人）	標準偏差	13.93	14.67	1.47	182,009.95	85,730.98	127,914.34

注）小数点第三位以下四捨五入。
出所：埼玉土建一般労働組合（2011）『生活実態調査』の個票データより筆者作成。

表12　『生活実態調査』における一人親方のデータの特性

	6月の収入	妻・収入	妻以外・収入
回答数	775	296	84
平均	314,573	54,773	108,095
中央値	300,000	30,000	65,000
最頻値	300,000	50,000	30,000
最大値	1,500,000	500,000	530,000
最小値	20,000	2,000	10,000
標準偏差	171,564.9	72,521.9	105,787.1

出所：埼玉土建一般労働組合（2011）『生活実態調査』の個票データより筆者作成。

表13　各地域における一人親方の月収

	調査名	調査年	月収
神奈川	首都圏4組合調査	2011年	40万6,407円
千葉	首都圏4組合調査	2011年	38万4,458円
埼玉	生活実態調査	2011年	31万4,573円
東京	賃金調査	2011年	30万3,837円
京都	賃金アンケート調査	2010年	30万7,464円
徳島	徳島県労賃金・生活実態調査	2005年	27万6,950円

注）首都圏4組合調査は賃金日額×就業日数で算出、東京の月収は表7を参照、埼玉は表12を参照、京都、徳島は、本文頁を参照。
出所：建設政策研究所（2011）『首都圏4組合賃金実態調査分析報告書』、3頁文章、29頁図表46、全国建設労働組合総連合東京都連合会（2011）『賃金調査』及び埼玉土建一般労働組合（2011）『生活実態調査』の個票データ、全京都建築労働組合『建築ニュース』961号、4-5頁文章（2010年10月15日発行）、徳島県建設労働組合（2005）『徳島県労賃金・生活実態調査報告書』、4頁文章より筆者作成。

3 『一人親方調査』

『一人親方調査』は、筆者が神奈川土建一般労働組合と横浜建設一般労働組合の協力のもとに、神奈川県内に在住する同労働組合員の一人親方20人を対象に行った聴き取り調査である。調査は2011年1～3月に行った。調査を行った場所は、20人中19人が一人親方を紹介を頂いた組合事務所で、残りの一人がファミリーレストランで食事を取りながら行った。調査に要した時間は1人あたりおよそ2時間である。

調査目的は、町場、新丁場における一人親方の生活と就業の実態を明らかにすることである。というのも筆者が聴き取り調査を行う以前にも、建設政策研究所(2008c)、建設政策研究所(2010)など一人親方の就業実態を調査した研究があったが、これらの調査は主として野丁場における一人親方の就業実態の解明を目的としており、今日における町場、新丁場における一人親方の生活と就業の実態が十分に検討されていなかった。

それ故に、筆者は、町場、新丁場における一人親方の生活と就業の実態を明らかにすることを目的に『一人親方調査』を行ったのである。したがって、調査対象の職種も住宅建築に従事する一人親方に絞って紹介して頂けるよう先方に事前にお願いをした。その結果、調査に協力いただいた一人親方の職種は、大工10人、電工、塗装、左官が各2人、配管、設備、タイル、内装が各1人と住宅建築に従事する職種で占められており、とび、土木作業者等のいわゆる野丁場職種は含まれていない。

ただし№.4のDさん(左官)は一人親方になる前の労働者の時に野丁場の左官工事を経験しており、No.5のEさん(内装)は、55歳まで野丁場の床仕上げの工事を出来高で請負っていた経験がある方であり、『一人親方調査』に野丁場の事例が全くないという訳ではない。

調査項目は、図2として「調査の概要と特徴」の最後に調査票を添付しているのでそちらを参照して頂きたい。聞き取り調査では基本的に調査票を埋める形で進めていった。

表14　『一人親方調査』の聞き取り対象者の属性

No	呼称	職種	年齢	扶養家族	請負形態	下請関係	賃金月額(2010)	就業時間／就業日数	調査日
1	A さん	大工	55 歳	3 人	手間請	一次下請	333,000	9 時間 / 24 日	2011 年 1 月 19 日
2	B さん	設備	49 歳	3 人	材料持ち	元請	383,000	12 時間 / 26 日	2011 年 1 月 27 日
3	C さん	配管	65 歳	3 人	材料持ち	三次下請	300,000	9 時間 / 20 日	2011 年 1 月 28 日
4	D さん	左官	53 歳	0 人	手間請	三次下請	334,000	8 時間 / 21 日	2011 年 1 月 29 日
5	E さん	内装	66 歳	1 人	手間請	二次下請	192,000	8 時間 / 20 日	2011 年 1 月 31 日
6	F さん	左官	43 歳	1 人	手間請	三次下請	240,000	7.5 時間 / 24 日	2011 年 2 月 6 日
7	G さん	電工	51 歳	1 人	手間請	四次下請	217,000	12 時間 / 25 日	2011 年 2 月 7 日
8	H さん	大工	47 歳	0 人	手間請、材料持ち	元請、一次下請	300,000	8 時間 / 24 日	2011 年 2 月 10 日
9	I さん	大工	34 歳	4 人	手間請	一次下請	500,000	8 時間 / 25 日	2011 年 2 月 16 日
10	J さん	タイル	58 歳	4 人	材料持ち	一次下請	500,000	8.5 時間 / 24 日	2011 年 2 月 21 日
11	K さん	塗装	35 歳	3 人	手間請	一次、二次下請	250,000	8 時間 / 20 日	2011 年 2 月 28 日
12	L さん	大工	51 歳	1 人	手間請	一次下請	417,000	10 時間 / 25 日	2011 年 3 月 3 日
13	M さん	電工	61 歳	3 人	材料持ち	元請、一次下請	360,000	9 時間 / 20 日	2011 年 3 月 4 日
14	N さん	大工	62 歳	2 人	手間請	一次下請	391,000	8 時間 / 24 日	2011 年 3 月 6 日
15	O さん	塗装	59 歳	1 人	材料持ち	元請	250,000	10 時間 / 25 日	2011 年 3 月 6 日
16	P さん	大工	61 歳	4 人	材料持ち	元請	856,000	9 時間 / 22 日	2011 年 3 月 9 日
17	Q さん	大工	34 歳	1 人	手間請	一次下請	403,500	9 時間 / 20 日	2011 年 3 月 10 日
18	R さん	大工	71 歳	1 人	手間請	一次下請	185,000	9 時間 / 20 日	2011 年 3 月 13 日
19	S さん	大工	40 歳	0 人	手間請	一次下請	250,000	8.5 時間 / 24 日	2011 年 3 月 15 日
20	T さん	大工	36 歳	3 人	材料持ち	元請	633,000	9 時間 / 22 日	2011 年 3 月 17 日
平均	—	—	51.6 歳	1.9 人	—	—	364,725	9.0 時間 / 22.8 日	—

注）「賃金月額」は、月額賃金（月あたりの建設業に従事して得た収入）－経費・材料費代で算出。また「月額賃金」は 2010 年平均の金額。就業時間には通勤時間は含まれない。
出所：『一人親方調査』より筆者作成。

表 14 は聞き取り対象者の特徴を整理したものである。表 14 をみると、『一人親方調査』における一人親方の月額賃金は、36 万 4,725 円（2010 年）である。表 13 の地域別一人親方の賃金と比較すると、『一人親方調査』における一人親方の賃金は、埼玉、東京、京都よりも 5 ～ 6 万円ほど高く、徳島より 9 万円ほど高く、千葉よりも 2 万円ほど低い水準にあることがわかる。

図2 『一人親方調査』の調査票

一人親方ヒヤリングシート

日時： 年 月 日（ ）午前・午後 時 分〜 時 分
場所： 出席者：（対象者） 支部：

●基本情報

性別＿＿ 年齢＿＿歳 出身地＿＿＿＿ ご兄弟＿＿＿＿

親の職業＿＿＿＿＿＿ 最終学歴＿＿＿＿＿＿（卒・中退）

＊自営業・会社員・農業など 職種＿＿＿＿ 従業上の地位＿＿＿＿

●現在の状況について

世帯員構成＿＿＿＿＿ うち家計を支えている者＿＿＿＿＿

現在の住宅＿＿＿＿＿ 家賃・ローン＿＿＿＿＿＿

＊持ち家、借家

2010年の年収＿＿＿＿＿万円 ／手取り年収＿＿＿＿＿万円

2010年の収入の月によるばらつき＿＿＿＿＿＿＿＿＿＿

2010年の世帯年収＿＿＿＿＿＿万円

各種労災・社会保険料加入状況及び支払い金額＿＿＿＿＿＿

＿＿＿＿＿＿＿＿＿＿＿＿＿＿＿＿＿＿＿＿

今現在の家計で負担が重いもの上位三つ＿＿＿＿＿＿＿＿

＊家賃・ローン、食費、学費、医療費、各種保険料、税金、材料・工具費用など

●職業経歴

＊初職から現在職まで職種転換（EX：初職、転職1、転職2、現在職）ごとに以下の項目について聞いていく。

職業＿＿＿＿＿＿＿ 入職年齢＿＿＿＿歳

入職のきっかけ・理由＿＿＿＿＿＿＿＿＿＿＿＿

入職時の就労形態＿＿＿＿＿＿＿＿／ 従業上の地位＿＿＿＿＿

＊常用雇用、日雇い、請負、家業手伝い／＊見習、職人、親方（経営者）、一人親方

一人親方になった年齢＿＿＿＿＿＿＿＿歳

一人親方になった理由＿＿＿＿＿＿＿＿＿＿＿＿＿＿＿＿＿＿＿＿＿＿＿＿＿

＿＿＿＿＿＿＿＿＿＿＿＿＿＿＿＿＿＿＿＿＿＿＿＿＿＿＿＿＿＿＿＿＿＿＿

離職直前の就労形態＿＿＿＿＿＿＿＿＿＿／　従業上の地位＿＿＿＿＿＿

＊常用雇用、日雇い、請負、家業手伝い／＊見習、職人、親方（経営者）、一人親方

就労地域＿＿＿＿＿＿＿＿＿＿＿＿　住まい＿＿＿＿＿＿＿＿＿＿＿＿＿

＊都道府県　　　　　　　　　　　＊借家、実家、飯場、親方の家

長いときで遊び期間はどのくらい＿＿＿＿＿＿＿＿＿＿日

その間の生活費の工面＿＿＿＿＿＿＿＿＿＿＿＿＿＿＿＿＿＿＿＿＿＿＿

＊家業の手伝いによる収入確保、縁故・仕事仲間紹介で本業以外の仕事をやる、貯金取り崩し借金、失業対策事業に就労

遊び期間をなくすために実際に行ったこと＿＿＿＿＿＿＿＿＿＿＿＿＿＿

＊技術を磨く、営業活動、独立準備

転職回数（初職除く）＿＿＿＿＿＿＿回　地域移動回数＿＿＿＿＿＿＿＿＿回

●現在の就労実態

何次下請で就労しているか＿＿＿＿＿＿　現在の元請企業名＿＿＿＿＿＿

その元請から仕事をもらうようになったのはいつから＿＿＿＿＿＿＿＿頃

きっかけは＿＿＿＿＿＿＿＿＿＿＿＿＿＿＿＿＿＿＿＿＿＿＿＿＿＿＿＿＿

就労地域＿＿＿＿＿＿＿＿　仕事内容＿＿＿＿＿＿＿＿＿＿＿＿＿＿＿＿

今働いているのは材工込みか労務のみの提供か＿＿＿＿＿＿＿＿＿＿＿＿

材工込みの場合の仕入先は元請から指定されているか＿＿＿＿＿＿＿＿＿

自己で仕入れる場合利益は得られるか＿＿＿＿＿＿＿＿＿＿＿＿＿＿＿＿

契約形式＿＿＿＿＿＿＿＿＿＿＿＿＿＿＿＿＿＿＿＿＿＿

＊書面、口頭、ファックス、その他

賃金・単価について

基準について ____________________

____

＊１日いくら、坪いくらなど具体的に。１棟いくらの場合は、工期も聞く

工期______日　月の就業日数______日　就業時間______時間

経費負担の内訳と金額____________________

＊交通費、駐車場代、産廃費用、協力会費、保留金など

施工管理（指揮命令系統）____________________

____

＊施工管理は誰がしているか。元請等の現場監督はいるか。施工の指揮命令は誰がするのか

瑕疵工事ややり直し工事の責任・負担について____________________

____

＊責任の所在について話し合いで決定、一方的、等。瑕疵保険等の加入。

●その他

日給月給、社会保険完備の社員として働くことに対して抵抗はありますか？

____

国・自治体、企業及び組合への要求を教えてください

＊仕事確保、単価引き上げ、公的負担の“遊び”期間の生活保障制度創設等

____

【注】

1　『賃金調査』の回答組合員のなかにほんのわずかだが、川崎在住者が含まれている。すなわち回答組合員の中には首都圏建設産業ユニオン東埼支部（東京・川崎地域の組合員）の回答者がおり、この中の川崎在住者は東京在住者ではない。具体的には数値が取れる範囲で見ると、東埼支部の一人親方回答者は2010年40人（構成比0.9%）、2011年58人（同1.3%）、2012年26人（同0.6%）、2013年48人（同0.9%）、2014年32人（同0.6%）である。これら回答者のうち川崎在住者は東京以外の在住者である。

2　2014年12月1日に総務省統計局統計調査部に問い合わせた。

3　入手できた『建築ニュース』の号数および賃金アンケート調査結果掲載頁は以下のとおりである。古い順に、875号、4-5頁（2006年10月15日発行）、961号、4-5頁（2010年10月15日）、1,005号、4-5頁（2012年10月15日発行）、1,026号、4-5頁（2013年10月15日発行）、1,047号、4-5頁（2014年10月15日発行）となる。

4　建設政策研究所（2013）『首都圏4組合賃金実態調査分析報告書』、3頁の文章、34頁の図表55、56に記載されている手間請と材料持ちの日額賃金、就業日数をもとに埼玉、神奈川、千葉県の一人親方の月額賃金を算出。

5　総務省（2012）「用語の解説」『就業構造基本調査』4頁を引用。

6　総務省、前掲書、4頁を引用。

参考文献一覧

浅見和彦(2010)「建設労働者・就業者の組織的結集過程と労働組合機能の発展―戦後の諸段階と展望―」『全建総連結成50周年記念事業公募論文「明日の建設産業」入選論文集』、10-36頁。
阿部真大(2006)『搾取される若者たち』、集英社新書。
新川正子(2006)『建設外注費の理論』、森山書店。
荒木尚志・山川隆一、労働政策研究・研修機構編(2006)『諸外国の労働契約法制』、労度政策研究・研修機構。
池添弘邦(2004)「セーフティネットと法―契約就業者とボランティアへの社会法の適用―」労働政策研究・研修機構編『就業形態の多様化と社会労働政策(労働政策研究報告書 No.12)』196-248頁。
―(2006)「アメリカ」労働政策研究・研修機構『「労働者」の法的概念に関する比較法研究(労働政策研究報告書 No.67)』266-312頁。
石井金之助(1949)『現下の住宅問題』、潮流社。
石井淳蔵(1996)『商人家族と市場社会―もうひとつの消費社会論』有斐閣。
石崎唯雄(1957)「産業構造と就業構造」昭和同人会『我国完全雇用の意義と対策』昭和同人会、657-727頁。
岩田克彦(2004)「雇用と自営、ボランティア―その中間領域での多様な就業実態と問題の所在―」『JILPTDiscussion Paper Series 04-010』。
岩永昌晃(2006)「イギリス」労働政策研究・研修機構『「労働者」の法的概念に関する比較法研究(労働政策研究報告書 No.67)』204-232頁。
氏原正治郎・高梨昌(1965)「零細企業の存立条件」国民金融公庫『月報』12月。
牛山敬二(1975)『農民層分解の構造―戦前期』お茶の水書房。
内山尚三編(1982)『共同探求建設業の課題と展望』、都市文化社。
―・木内誉治(1983)『建設産業論』、都市文化社。
海野和夫(2005)「建設下請業者の労働債権問題と元請・発注者の責任」『賃金と社会保障』1391号、5－65頁、旬報社。
浦江真人(2005)「ゼネコン現場の技能伝承と技術教育の現状と課題」『建設政策』103号、4-7頁。
江口英一・山崎清(1961)「日本の社会構成の変化について」『日本労働協会雑誌』22号。江口英一(1975)「雇用不安の累積とその日本的性格」『経済』140号、37-53頁。
―(1979)『現代の「低所得層」上』、未来社。
―(1980a)『現代の「低所得層」中』、未来社。
―(1980b)『現代の「低所得層」下』、未来社。
―・西岡幸泰・加藤佑治編(1980c)『山谷―失業の現代的意味』未来社。
―(1982)「不安定雇用の再編と今日的特徴」『経済』223号、222-245頁。
―編(1987)『生活分析から福祉へ』光生館。
―編(1990)『日本社会調査の水脈―そのパイオニアたちを求めて―』法律文化社。
恵羅さとみ(2004)「ハウスメーカーと下請け業者の関係の変化及び労働者への影響―近年の多様な請負形態の動向から」『建設政策』98号、7-13頁。

―（2005）「柔軟性の追求における技能再生産のジレンマ」『社会学評論』56 号 1 巻、112-128 頁。
―（2007）「建設生産における『責任施工』と職長」『日本労働社会学会年報』17 号、91-115 頁。
大内伸哉（2003）『イタリアの労働と法』、日本労働研究機構。
―（2004）「従属労働者と自営労働者の均衡を求めて」中嶋士元也先生還暦記念論集刊行委員会編『労働関係法の現代的展開―中嶋士元也先生還暦記念論集』、信山社、47-70 頁。
大河内一男（1950）「賃金労働における封建的なるもの」東京大学『経済学論集』、（19）4。
大沢真知子、スーザン・ハウズマン編（2003）『働き方の未来―非典型労働の日米欧比較』、日本労働研究機構。
大西広（2012）『マルクス経済学』、慶應義塾大学出版会。
大原社会問題研究所編（2004）「国際労働問題シンポジウム　雇用関係の範囲（労働者性）―働く人の保護はどこまで及ぶのか」『大原社会問題研究所雑誌』545 号、1-41 頁。
岡村親宣（2002）『過労死・過労自殺救済の理論と実務』、旬報社。
越智今日子（2011）「大手建設資本に従事する今日の『一人親方』の形成過程」『建設政策研究』4 号、31-52 頁。
奥野寿（2006）「オーストラリア」労働政策研究・研修機構『「労働者」の法的概念に関する比較法研究（労働政策研究報告書 No.67）』233-265 頁。
小倉一哉・坂口尚文（2004）「日本の長時間労働・不払い労働時間に関する考察」『JILPT ディスカッション・ペーパー No.04-001』日本労働研究機構。
―（2007）『エンドレス・ワーカーズ』日本経済新聞出版社。
―（2008）「日本の長時間労働―国際比較と研究課題」『日本労働研究雑誌』575 号、4-16 頁。
加藤孝（1985）『建設労働者雇用改善法の解説』、労務行政研究所。
加藤佑治（1980）『現代日本における不安定就業労働者　上』御茶の水書房。
―（1982）『現代日本における不安定就業労働者　下』御茶の水書房。
―（1984）「現代失業と不安定就業階層に関する一考察」『専修経済学論集』第 18 巻第 2 号、1-51 頁、専修大学経済学会。
―（1985）「日本における不安定就業階層の書類型」『専修経済学論集』第 19 巻第 2 号、69-102 頁、専修大学経済学会。
―（1987）『現代日本における不安定就業労働者【増補改訂版】』、御茶の水書房。かながわ総合科学研究所（1985）『東京における建設業の就業構成と東京土建一般労組の組織状況』、かながわ総合科学研究所。
―（1988）『川越市における地域と建設産業の現状と町場の現代的再構築のために（案）』。
―（1989）『「町場」の現代的再生のために―地域と産業の民主的改革をめざす首都圏建設産業調査研究報告書―』。
―（1990）『地域住民の期待にこたえる町場の現代的再生―地域と産業の民主的改革をめざす首都圏建設産業調査研究報告書―（ダイジェスト版）』。
金澤誠一編著（2009）『「現代の貧困」とナショナル・ミニマム』高菅出版。

― (2011)「中小業者の暮らしの実態と社会保障の課題」永山利和編著『現代中小企業の新機軸』同友館、281-303 頁。
神奈川土建一般労働組合 (2011)『第 40 回定期大会議案』。
鎌田耕一 (1994)「ドイツ労働法における使用者責任の拡張」『法学新報』100 号 2 巻、215-280 頁。
―編 (2001)『契約労働の研究』、多賀出版。
― (2004)「委託労働者・請負労働者の法的地位と保護」『日本労働研究雑誌』526 号、56-66 頁。
― (2005)「労働基準法上の労働者概念について」『法学新報』111 号 7･8 巻、1-80 頁。
鎌田とし子 (2011)『「貧困」の社会学』、御茶の水書房。
鎌田とし子・鎌田哲宏 (1983)『社会諸階層と現代家族』、御茶の水書房。
川口美貴 (2005)「労働者概念の再構成」『季刊労働法』209 号、133-154 頁、労働開発研究会。
― (2012)『労働者概念の再構成』、関西大学出版部。
川人博 (2006)『過労自殺と企業の責任』旬報社。
木下武男 (1991)「協定賃金運動の歴史と今後の方向」『建設労働のひろば』2 号、4-12 頁。
木村保茂 (1997)『現代日本の建設労働問題』、学文社。
―・松田光一 (1992)『建設業の労働と労働市場』北海道大学教育学部附属産業教育計画研究施設。
吉良比呂志 (2014)「一人親方問題を考える」『建設労働のひろば』92 号。
建設技能労働者の人材確保のあり方に係る検討会 (2011)『建設技能労働者の人材確保のあり方について (案)』。
建設産業専門団体連合会 (2004)『建設技能労働者の賃金のあり方に関する調査報告書 (資料編)』。
― (2006)『建設産業における技能継承に関する調査報告』。
建設政策研究所 (1997)『大手建設現場における就業実態とその分析』、建設政策研究所。
― (2005)『徳島県労賃金・生活実態調査報告書』、建設政策研究所。
― (2006)『パワービルダー研究』、建設政策研究所。
― (2008a)『建設労働者の賃金の抜本的改善のために―公正で魅力ある建設産業をめざして』、建設政策研究所。
― (2008b)『パワービルダー研究第二弾　住宅づくりの最新動向』、建設政策研究所。
― (2008c)『建設産業の重層下請構造に関する調査・研究』、建設政策研究所。
― (2009)『韓国建設産業の変革への取組み―調査報告書―』
― (2010)『建設産業における今日的「一人親方」労働に関する調査・報告書』、建設政策研究所。
― (2011a)『全建総連組合員の家計費調査 2011 年実施』
― (2011b)『神奈川土建組合員の仕事と経営の実態と仕事づくりに関する調査・研究報告書』。
― (2012)『2012 年首都圏 4 組合賃金実態調査分析報告書』、建設政策研究所。
― (2013)『首都圏 4 組合賃金実態調査分析報告書』、建設政策研究所。
― (2015a)『建設政策研究所の提言　住民の生活と安全を支える建設産業の再生と

持続的発展をめざして【改訂版】』建設政策研究所。
― (2015b)『都連賃金アンケートの分析からみられる一人親方・手間請の特徴について―2015 年全建総連請負働者調査』建設政策研究所。
― (2015c)『「2015 年度 一人親方労災特別加入・新規加入者アンケート」調査報告書―2015 年全建総連請負労働者調査Ⅱ』建設政策研究所。
建設労働協約研究会編、1998、『建設現場に労働協約を―建設労働運動の到達点と新しい課題―』、大月書店。
玄田有史 (2004)『ジョブ・クリエイション』日本経済新聞出版社。
― (2005)『働く過剰』、NTT 出版。
厚生労働省 (2005)『今後の労働契約法制の在り方に関する研究会報告書』。
― (2009)『個人請負型就業者に関する研究会』第 1 ～ 4 回資料。
― (2010a)『個人請負型就業者に関する研究会』第 5 ～ 7 回資料。
― (2010b)『個人請負型就業者に関する研究会報告書』、厚生労働省。
― (2013)『労災保険特別加入制度のしおり一人親方その他の自営業者用』厚生労働省。
伍賀一道 (1988)『現代資本主義と不安定就業問題』御茶の水書房。
― (2010)「どうする日本の雇用①　雇用・失業問題―その今日的特徴―」『経済』179 号。
越田清和 (1985)「建設産業の合理化と労働力の再編・淘汰」『北海道大学教育学部紀要』45 号、267-341 頁。
個人請負労働者に関する共同研究会 (2010)『建設産業における個人請負労働者に関する研究会報告書』個人請負労働者に関する共同研究会。
個人請負労働者の権利の保護と改善に向けての政策づくり共同研究会 (2012)『建設現場に働く個人請負労働者の待遇改善をめざして』。
小関隆志・村松加代子・山本篤民 (2003)「建設不況下における元請・下請関係の変容―下請建設業と建設就業者への影響」『社会政策学会誌』9 巻、224-243 頁。
小西康之 (2006)「イタリア」労働政策研究・研修機構『「労働者」の法的概念に関する比較法研究 (労働政策研究報告書 No.67)』182-203 頁。
小早川真理 (2006)「フランス」労働政策研究・研修機構『「労働者」の法的概念に関する比較法研究 (労働政策研究報告書 No.67)』157-181 頁。
斉藤祐子 (2011)『図解雑学　建築のしくみ』、ナツメ社。
坂庭国晴・越智今日子 (2009)『パワービルダーと建設労働者の実態』『経済』161 号、新日本出版社、137-149 頁。
櫻井純理 (2002)『何がサラリーマンを駆りたてるのか』、学文社。
佐崎昭二 (1998)「高度成長期の建設労働研究 (五)」『建設総合研究』181 号、建設調査会、13-36 頁。
― (1999)「90 年代の建設労働研究 (三)」『建設総合研究』187 号、建設調査会、19-46 頁。
― (2000)「90 年代の建設労働研究 (五)」『建設総合研究』190 号、建設調査会、42-74 頁。
佐藤眞 (1992)「建設技能労働力需給の逼迫と養成訓練の新動向」『岩手大学教育学部研究年報』51 巻 2 号、35-53 頁。
― (1994)「建設技能労働力養成における見習制度の変容」『岩手大学教育学部研究年報』53 巻 2 号、33-49 頁。
― (2003)「建設業の構造変化と労働市場の特質」『岩手大学教育学部研究年報』63 巻、

81-96頁。
佐藤眞（2014）『住宅建設と大工労働市場の研究―東日本大震災後の岩手県沿岸地域の住宅再建の課題』第一生命財団。
佐藤博樹・小泉静子（2007）『不安定雇用という虚像』、頸草書房。
三和総合研究所（1998）『雇用以外の労働・就業形態に関する調査』。
椎名恒（1983a）「最近における建設業自営業者の動向 上」『労働運動』212号、217-231頁、新日本出版社。
―（1983b）「最近における建設業自営業者の動向　下」『労働運動』213号、205-220頁、新日本出版社。
―（1990）「建設産業の下請・労働の新たな在り方を求めて（下）」『建設政策』4号、2-25頁。
―（1998）「なぜ建設産業における労働協約をめざすのか―建設労資関係史の概括を踏まえて―」建設労働協約研究会編『建設現場に労働協約を―建設労働運動の到達点と新しい課題―』大月書店、31-70頁。
―・野中郁江（2001）『建設―問われる脱公共事業産業化への課題　日本のビッグ・インダストリー8』、大月書店。
塩田丸男（1975）『住まいの戦後史』、サイマル出版会。
柴田徹平（2010）「建設産業一人親方の労働時間と収入」『労働総研クォータリー』80・81号、53-64頁、労働運動総合研究所。
―（2011）「建設産業における今日的『一人親方』の現状と就業実態」『経済学論纂』51巻5・6号、165-200頁、中央大学出版部。
―（2015a）「東京都内建設産業における生活保護基準以下賃金の一人親方の量的把握」社会政策学会編『社会政策第6巻第3号』、134-145頁、ミネルヴァ書房。
―（2015b）「建設産業における生活保護基準以下の一人親方世帯の世帯員就業の動向」鷲谷徹編『変化の中の国民生活と社会政策の課題』、241-258頁、中央大学出版部。
―（2015c）「近年における建設職人の一人親方化の特徴と課題」労働運動総合研究所『労働総研クォータリー第100号』、51-57頁、本の泉社。
―（2015d）「建設産業における不安定就業の一人親方の量的把握およびその特徴」中央大学経済学研究会『経済学論纂第56巻第1・2合併号』、87-103頁、中央大学出版部。
―（2016）「建設業一人親方の長時間就業の要因分析」日本労働社会学会編『労働社会学研究17号』、26-46頁。
島田陽一（2003）「雇用類似の労務供給契約と労働法に関する覚書」西村健一郎・小嶌典明・加藤智章・柳屋孝安編『新時代の労働契約法理論―下井隆史先生古希記念―』信山社、27-80頁。
下井隆史（1971）「雇庸・請負・委任と労働契約―『労働法適用対象』問題を中心に」『甲南法学』11巻2・3号、151-194頁。
―（1985）『労働契約法の理論』、有斐閣。
社団法人大阪府建団連（2006）『専門工事業の新しい門出―技能者雇用のビジネスモデル』。
周燕飛（2005）「企業別データを用いた個人請負労働者の活用動機の分析」『JILPT

Discussion Paper 05-003』、労働政策研究・研修機構。
隅谷三喜男（1960）「日本資本主義と労働市場」東畑精一編『農村過剰人口論』、93-115頁、日本評論新社。
生活保護制度研究会（2009）『保護のてびき2009年度版』第一法規。
生活保護手帳編集委員会（2009）『生活保護手帳2009年度版』中央法規出版。
清家久美（2013）「伝統的職人仕事における労働疎外化と脱疎外化プロセスについて―協同組合ウッドの事例研究」立命館大学社会システム研究所編『社会システム研究』、151-199頁、26号。
清野学（2003）「自己雇用者の意識と働き方―就労の視点からみた自営業者の姿―」『国民生活金融公庫調査月報』554号。
全建総連東京都連合会・建設政策研究所（2009）『2009年賃金調査報告書』。
全国建設労働組合総連合編（1985）『50万への道―仲間の仕事と暮らしを守る全建総連の歴史と運動―』、恒和出版。
―（1995）『家づくり職人の世界』。
―（2009）『第50回定期大会議案』。
全国労働組合総連合編（2010）『音楽家だって労働者』、かもがわブックレット。
―・労働総研共同学習会（2010）『低迷する賃金・景気―最賃闘争をどう発展させるか―』配布資料。
全日本建設交運一般労働組合・建設政策研究所編（2004）『野丁場調査中間報告書』。
―（2005）『建設労働の今・未来―建設現場に強固な労働組合を』。
高梨昌編（1978）『建設産業の労使関係』、東洋経済新報社。
竹地潔（1998）「アメリカにおける非典型労働（2）現状と労働法上の諸問題」『海外労働時報』22巻3号、日本労働研究機構、94-105頁。
竹信三恵子（2009）『ルポ・雇用劣化不況』岩波新書。
立石実美（2001）『鬼の住宅マネージャー』住宅産業新聞社。
蓼沼謙一（1980）「労働法の対象―従属労働論の検討」日本労働法学会編『現代労働法講座』第1巻、総合労働研究所。
辻村定次（1999）「建設業」中小商工業研究所編『現代日本の中小商工業　現状と展望編』、126-159頁、新日本出版社。
筒井晴彦（2010）『働くルールの国際比較』、学習の友社。
鄭賢淑（2002）『日本の自営業層―階層的独自性の形成と変容』、東京大学出版会。
東京春闘共闘会議（2013）『2013公契約条例の制定をめざす自治体キャラバン報告集パート9』。
東京大学社会科学研究所編（1953）『日本社会の住宅問題』、東京大学出版会。
東京土建一般労働組合（2007）『東京土建60年の歴史から学ぶ』、東京土建一般労働組合。―（2013）『東京土建国保のてびき2013年度版』。
田思路（2010）『請負労働の法的研究』法律文化社。
中窪裕也（1995）『アメリカ労働法』弘文堂。
永野秀雄（1997）「『使用従属関係論』の法的根拠」金子征史編著『労働条件をめぐる現代的課題』法政大学出版局、159-294頁。
永山利和（1979）「不安定雇用累積と労働市場の構造」『経済』182号、195-207頁。
並木正吉（1955）「農家人口の戦後10年」『農業総合研究』9（4）。

西谷敏（1984）「労基法上の労働者と使用者」沼田稲次郎・本多淳亮・片岡昇編『シンポジューム労働者保護法』青林書院。
日経 BP 社（2013）「人材危機（4）『ワンコイン大工』と呼ばれて」『日経アーキテクチャ電子版』（2013 年 7 月 16 日付）。http://kenplatz.nikkeibp.co.jp/article/building/news/20140714/670789/?P=4
日本建設業団体連合会（2009）『建設技能者の人材確保・育成に関する提言』。
―（2014）『建設技能労働者の人材確保・育成に関する提言』。
―（2015）『再生と進化に向けて―建設業の長期ビジョン』。
日本建築学会建築経済委員会（1999）『労務コストから展望する 21 世紀の建設産業』。
日本人文科学会（1958）『佐久間ダム―近代技術の社会的影響』、東京大学出版会。
日本労務研究会（1998、1999）『契約就業者問題についての調査研究』。
二村一夫（2001）「日本における職能集団の比較史的特質―戦後労働組合から時間を逆行し、近世の〈仲間〉について考える」大阪市立大学『経済学雑誌』102（2）。
野村正實（1998）『雇用不安』岩波新書。
―（2014）『学歴主義と労働社会―高度成長と自営業の衰退がもたらしたもの』ミネルヴァ書房。
野本勝（2012）「労働者供給事業で建設現場に労働協約を」『建設政策』144 号、38-39 頁。
筆宝康之（1987）『建設労働経済論』、立正大学経済研究所。
―（1992）『日本建設労働者論：歴史・現実と外国人労働者』、御茶の水書房。
藤田幸一郎（1994）『手工業の名誉と遍歴職人―近代ドイツの職人世界』未来社。
古川修（1963）『日本の建設業』、岩波新書。
本多淳亮（1981）『労働契約・就業規則論』、一粒社。
前島賢土（2006）「住宅会社社員の働きすぎ―働きすぎの住宅会社社員の働く動機と住宅業界の業界イデオロギー」『現代の社会病理』21 号、121-135 頁。
松丸和夫（2010）「中小企業での『働く貧困』―その克服に向けて―」『経済』179 号、105-112 頁。
―（2014）「公共工事における重層下請構造の問題点と施工管理」『都市問題』105 号、78-84 頁、後藤・安田記念東京都市研究所。
松村淳（2013）「働きすぎる建築士とその労働世界」『労働者社会学研究』14 号、37-69 頁、日本労働社会学会。
三浦忠夫（1977）『日本の建設産業：建設循環・産業構成を解明する』彰国社。
三島俊介（2003）『比較日本の会社住宅』実務教育出版。
三島俊介・檜山純一（1996）『住宅産業のマーケティング戦略』産能大学出版部。
道又健治郎・木村保茂（1971）『建設業の構造変化にともなう建設職人層の賃労働者化と労働組合運動』、北海道大学。
三菱 UFJ リサーチ＆コンサルティング株式会社（2006）『個人業務請負契約の名称で就業する者の就業環境に関する調査研究報告書』。
皆川宏之（2006）「ドイツ」労働政策研究・研修機構『「労働者」の法的概念に関する比較法研究（労働政策研究報告書 No.67）』121-156 頁。
村上雅俊・岩井浩（2010）「ワーキングプアの規定と推計」『統計学』98 号、13-24 頁、経済統計学会。
村田弘美（2004）「フリーランサー・業務委託など個人請負の働き方とマッチングシ

ステム」『日本労働研究所雑誌』526 号、43-55 頁。
村松貞次郎（2005）『日本近代建築の歴史』、岩波書店。
森岡孝二（2005）『働きすぎの時代』岩波書店。
一・川人博・鴨田哲郎（2006）『これ以上、働けますか？』岩波ブックレット。
柳屋孝安（1985a）「西ドイツ労働法における被用者概念の変化一放送事業の自由協働者をめぐる最近の動き（上）」『日本労働協会雑誌』317 号、42-50 頁。
一（1985b）「西ドイツ労働法における被用者概念の変化一放送事業の自由協働者をめぐる最近の動き（下）」『日本労働協会雑誌』318 号、67-75 頁。
一（2005）『現代労働法と労働者概念』、信山社。
山川修平（2000）『21 世紀型市場への挑戦』、住宅産業新聞社。
山口毅（2009）『急増する個人請負の労働問題』、労働調査会。
山下正人（2007）「『自営的』就労と建設労働の諸課題と全建総連の取り組み」『日本労働研究所雑誌』566 号、73-78 頁、日本労働研究所。
山田久（2008）「個人業務請負の実態と将来的可能性一日米比較の視点から『インディペンデント・コントラクター』を中心に」『日本労働研究雑誌』566 号、4-16 頁、労働政策研究・研修機構。
横山源之助（1985）『日本の下層社会　改版』岩波文庫。
吉村臨平（2001）「建設産業における労務下請と自営的就業の傾向」鎌田耕一編『契約労働の研究』、193-230、多賀出版。
リクルート・ワークス研究所（2000）『雇用創出へのインプリケーション—「日本型開業モデル」と個人開業の創出支援の調査研究』。
労働政策研究・研修機構（2006）『「労働者」の法的概念に関する比較法研究（労働政策研究報告書 No.67）』。
労働省労働基準法研究会（1985）『労働基準法研究会報告（労働基準法の「労働者」の判断基準について）』。
労働省労働基準法研究会労働契約等法制部会（1996）『労働者性検討専門部会報告（建設業手間請け従事者及び芸能関係者に関する労働基準法の「労働者」の判断基準について）』。
脇田滋編（2011）『ワークルール・エグゼンプション』、学習の友社。
鷲谷徹（2010a）「規制緩和と長時間労働」法政大学大原社会問題研究所・鈴木玲編『新自由主義と労働』御茶の水書房。
一（2010b）「長時間労働と労働者生活」石井まこと・兵頭淳史・鬼丸朋子編『現代労働問題分析　労働社会の未来を拓くために』法律文化社。
和田攻（2002）「労働と心臓疾患— “過労死” のリスク要因とその対策」『産業医学レビュー』14 巻 4 号、183-213 頁。
和田肇・川口美貴・古川陽二（2003）『建設産業の労働条件と労働協約：ドイツ・フランス・イギリスの研究』、旬報社。

Alan Hyde（2000）“Classification of U.S.Working People and Its Impact on Workers Protection-a report submitted to the International Labour Office,” http://www.ilo.org/wcmsp5/groups/public/---ed_dialogue/---dialogue/documents/genericdocument/wcms_205389.pdf（2012 年 5 月 12 日アクセス）.

Andrew Stewart (2002) "Redefining Employment? Meeting the Challenge of Contract and Agency labour," Chatswood: Australian Journal of Labour Law Vol.15, pp.8-15.

Anne E. Polivka (1996) "Into Contingent and alternative employment:by choice?" Washington, D.C.: Monthly Labor Review, October, pp.55-74.

Arum Richard and Walter Műller eds., (2003) "The Reemergence of Self-Employment: A Comparative Study of Self-Employment Dynamics and Social Inequality," Princeton: Princeton University Press.

Daniel H Pink (2001) "FREE AGENT NATION: The Future of Working for Yourself," New York:Warner Books, Inc. (玄田有史解説、池村千秋訳 (2002)『フリーエージェント社会の到来「雇われない生き方」は何を変えるか』ダイヤモンド社)。

Dunlop Commission (1994) "Report and Recommendations, Commission on the Future of Worker-Management Relations (Dunlop Commission Report)," Washington, D.C.: U.S.Dep't of Labor, U.S. Dep't of Commerce. (日本労働研究機構国際部訳 (1995)『米国ダンロップ委員会報告書』)

ILO (2006) "R198 - Employment Relationship Recommendation" (国際労働機関 (2006)『雇用関係勧告』) http://www.ilo.org/dyn/normlex/en/f?p=NORMLEXPUB:12100:0::-NO ::P12100_ILO_CODE:R198 (2010年6月2日アクセス)

Karl. Marx (1867), "Das Kapital:Kritik der politischen Oekonomie Bd.1" Hamburg: Verlag von Otto Meissener. (社会科学研究所監修、資本論翻訳委員会訳 (1997)『資本論　第1巻b』、新日本出版社)

Lewis L. Maltby and David C. Yamada (1997) "Beyond Economic Realities: The Case of Amending Federal Employment Discrimination Laws to Include Independent Contractors," Newton: Boston College Law Review, Vol.38, pp.239-274.

Mark A.Rothstein and Charles B.Craver and Elinor P.Schroeder and Elaine W. Shoben (2004), "Employment Law 3rd," Minnesota: Thomson/West.

Marc Linder (1999) "Dependent and Independent Contractor in Recent U.S.Labor Law: Ambiguous Dichotomy Rooted in Simulated Stautory Purposelessness," Illinois: Comparative Labor Law & Policy Journal Vol.21, pp187-230.

Matthew Waite/ Lou Will (2001) "Self-employed contractors in Australia: Incidence and Characteristics," Melbourne: Productivity Commission.

O kahn-Freund (1951) "Servants and Independent Contractor," Modern Law Review Vol.14, No.4, pp.504-509.

Richard R Carlson (2001) "Why The Law Still Can't Tell An Employee When It Sees One and How It Ought To Stop Trying" Berkeley: Berkeley Journal of Employment and Labor Law Vol.22, pp.295-368.

Roberto Pedersini (2002) "Economically dependent workers – employment law and industrial relation", European industrial relations observatory on-line, http://www.eurofound.europa.eu/eiro/2002/05/study/tn0205101s.htm (2011年12月9日アクセス)

Schalon R Cohany (1996) "Worker in alternative employment arrangements" Washington,D.C.: Monthly Labor Review, October, pp.31-45.

Stephen F. Befort (2002) "Labor and Employment Law at the Millennium: A Historical Review and Critical Assessment" Newton: Boston College Law Review, Vol.43, pp.351-460.

あとがき

本書は、私が中央大学において博士号を授与された論文である「建設産業における不安定就業としての一人親方に関する研究」をもとにしたものである。本書の刊行は、日本学術振興会の平成28年度科学研究費助成事業（研究成果公開促進費）の助成を受けている。本助成金がなければ、本書を刊行することは極めて困難な状況であった。深くお礼申し上げる。また本書の各章論文の初出は以下のとおりである（それぞれの論文は、本書を執筆するにあたり一定の加筆・修正を行った）。

序章　新たに書き下ろしたもの

1章　原題「東京都内建設産業における生活保護基準以下賃金の一人親方の量的把握」社会政策学会編『社会政策』第6巻3号、134-145頁、ミネルヴァ書房、2015年。

2章　原題「建設産業における生活保護基準以下の一人親方世帯の世帯員就業の動向」鷲谷徹編『変化の中の国民生活と社会政策の課題』、241-258頁、中央大学出版部、2015年。

3章　新たに書き下ろしたもの

4章　原題「建設業一人親方の長時間就業の要因分析」日本労働社会学会編『労働社会学研究17号』、26-46頁、日本労働社会学会、2016年。

5章　原題「建設産業における不安定就業の一人親方の量的把握およびその特徴」中央大学経済学研究会『経済学論纂第56巻第1･2合併号』、87-103頁、中央大学出版部、2015年。

本書が完成するまでには多くの方々にお世話になり、また御協力を頂いた。この場を借りて心から感謝申し上げたい。

特に、本書を刊行するまでに、出会い様々なお話を聞かせて頂いたすべての方に感謝申し上げたい。とりわけ忙しい中にも関わらず一人親方を紹介してくださった建設労働組合の役員の方、インタビューに応じて下さった方、初対面の私に辛い生活や就業実態について話を聞かせて頂いた方には、感謝の気持ちでいっぱいである。

大学院時代の指導教授であった松丸和夫先生は、興味が分散することが多く、中々論文が書けない私を見捨てずに、育てて頂いた。また本書の研究テーマを薦めて下さった。今、私がこうして研究を続けられているのは、松丸先生と出会えたからだと思う。松丸先生のもとで学べたことを感謝したい。

また博士学位論文の審査をして頂いた阿部正浩先生、鳥居伸好先生、浅見和彦先生には、一人親方を社会科学的に定義することの重要性を指摘いただいた。本書で十分に応えられているとは言えないが、今後さらに研究を進めていくことで責めを果たしたい。

また本書は、これまでに出会った方との議論や頂いたアドバイスなしには書くことができなかった。関東社会労働問題研究会では沢山の報告機会を頂き、実際に現場に足を運び生の声を論文にしていくことの大事さを学んだ。

研究会でお世話になった下山房雄先生、鷲谷徹先生をはじめ、赤堀正成先生、東洋志さん、石井まこと先生、岩佐卓也先生、大重光太郎先生、岡本一さん、鬼丸朋子先生、京谷栄二先生、白井邦彦先生、芹澤寿良先生、高橋祐吉先生、兵頭淳史先生、松尾孝一先生、宮前忠夫さんには心より感謝申し上げたい。

建設政策研究所の浅見和彦先生、辻村定次さん、村松加代子さん、市村昌利さん、越智今日子さんには、研究所に非常勤として働かせて頂く中で、建設産業についての様々な知見を教えて頂いた。基礎経済科学研究所では姉歯曉先生、大西広先生から経済理論の視点からアドバイスを頂き、後藤康夫先生、後藤宣代先生には、研究の発展方向についてアドバイスを頂いた。

産業研究会では、一人親方という狭い世界で議論しがちであった私に産業というより広い視野から一人親方問題を捉える大事さを教えて頂いた。研究会でお世話になった大西勝明先生、丸山恵也先生をはじめ、秋保親成先生、飯島正義先生、井上輝幸先生、岩波文孝先生、賈曄先生、國島弘行先生、小坂隆秀先生、小林世治先生、高橋衛先生、田村八十一先生、村上研一先生には心より感謝申し上げたい。

日本労働社会学会、社会政策学会、労務理論学会、企業経済研究会、労働運動総合研究所で報告をする際にお世話になった先生や労働組合の活動家の方には、研究に対するアドバイスと同時に、就職が決まらず、苦しい中で励ましの言葉を頂いた。こうした言葉が自分にとってどれほど心強かったか。感謝してもしきれない。

2016年12月14日、厚生労働省がある報告書をまとめた。これまで厚生労働省の諮問機関である労働政策審議会（以下労政審）は、労働分野の重要政策や法律策定を議論・決定する機関として、政労使の三者構成の原則の下で存在してきた。ところがこの報告書では、労政審の下に労働者代表抜きで議論・決定できる新たな部会を設けることを打ち出した。報告書によれば、新部会は、「労働政策基本部会（仮称）」で、2017年をめどに設置されるという。

この部会を設置する理由に挙げられているのが、個人請負事業主の問題など、旧来の労使の枠組みに当てはまらない課題や就業構造などの基本的課題については、三者構成で議論する必要はないからだという。

この厚生労働省の理由付けを素直に受け止めるならば、厚生労働省は、個人請負就労者の就業実態についてまだ十分に知らないのだろう。日本の個人請負就労者が直面している問題は、就業の不安定性、低所得、正社員ではないゆえに享受することが困難な社会保障そしてこのような現状を背景にした将来への不安である。

本書で取り上げたのは、建設職種のみであるが、バイク便ライダーをはじめ他の産業、職種の個人請負就労者もおかれている状況は近い。私自身、1年契約の非常勤講師を複数かけもちし、所得も低いだけでなく、来年の雇用に対する不安は苛まれる生活を送っている。次の仕事がないかもしれないという不安は想像以上に苦しいものなのである。

彼・彼女らの要求は、普通に働いて、家族を持ち、子を養いたいのである。しかし、その当たり前の権利は労働者としての権利を享受することから排除される中で、当たり前のものではなくなっている。

一人親方にまずもって求められているのは、旧来の労使の枠組みの下で保障されてきた労働者としての権利である。それは決して、労働法制の枠組みが古いから労働者代表抜きで労働政策を議論するということではない。労働者代表抜きで個人請負の問題を議論すれば、コストや利益といった産業界の意向ばかりが反映され、個人請負就労者の生活はますます厳しいものとなる。

また博士論文を発表して以降も一人親方研究を続ける中で、新たに見えてきたことがある。それはこれまで手間請としてひとくくりにしていた一人親方の中に、常用型という新たな働き方の一人親方がいることだ。常用型は、指揮命令を受け、日給月給で働き、給与水準の決定権限を持たない、「事実上の労働者」である。そして常用型は、一人親方の4割弱を占めていることも量的調査によって明らかにできた[詳細は、拙稿「個人請負就労者の働き方の類型とその特徴—建設業種を事例として」労務理論学会編『労務理論学会誌第26号』所収、2017年2月末刊行予定、を参照されたい]。

常用型は、2000年代以降の非正規化と同時期に増加してきたと私は見ているのであるが、かられの働き方が、偽装請負に当たる可能性もあり、今後実態を明らかにしていきたいと考えている。また建設職種に留まらず、他の産業、職種の個人請負就労者の実態分析を進めることで、日本の個人請負就労者の政策枠組みの構築に貢献していきたい。

最後に、東信堂の下田勝司さんには、2015年6月の社会政策学会で声をかけて頂いて以降、親身に相談に乗って頂き、またアドバイスを頂いた。博士論文を出版させて頂いたことを心より深く感謝したい。

2016年12月25日

柴田　徹平

事項索引

【アルファベット】

【あ行】

【か行】

【さ行】

【た行】

【な行】

【は行】

【ま行】

【や行】

【ら行】

人名索引

著者紹介

柴田 徹平（しばた てっぺい）

1982年生まれ、中央大学大学院経済学研究科経済学専攻博士後期課程修了、経済学博士（中央大学）。現在は、東京都立産業技術高等専門学校、大月短期大学、専修大学の非常勤講師、および建設政策研究所の非常勤研究員を務める。

業　績

- 「東京都内建設産業における生活保護基準以下賃金の一人親方の量的把握」社会政策学会編『社会政策』第6巻3号、ミネルヴァ書房、2015年。
- 「建設産業における生活保護基準以下の一人親方世帯の世帯員就業の動向」鷲谷徹編『変化の中の国民生活と社会政策の課題』、中央大学出版部、2015年。
- 「建設産業における不安定就業の一人親方の量的把握およびその特徴」中央大学経済学研究会『経済学論纂第56巻第1・2合併号』、中央大学出版部、2015年。
- 「建設業一人親方の長時間就業の要因分析」日本労働社会学会編『労働社会学研究17号』、日本労働社会学会、2016年（第13回日本労働社会学会奨励賞受賞論文）。
- 「建設産業における不安定就業の一人親方の量的把握およびその特徴」中央大学経済学研究会『経済学論纂第56巻第1・2合併号』、中央大学出版部、2015年。
- 「個人請負就労者の働き方の類型とその特徴―建設業種を事例として」労務理論学会編『労務理論学会誌第26号』、晃洋書房、2017年2月刊行予定。

建設業一人親方と不安定就業―労働者化する一人親方とその背景―

2017年2月20日　初版 第1刷発行　〔検印省略〕

定価はカバーに表示してあります。

著者©柴田徹平／発行者：下田勝司　印刷・製本／中央精版印刷

東京都文京区向丘1-20-6　郵便振替00110-6-37828

〒113-0023　TEL (03) 3818-5521　FAX (03) 3818-5514

発行所 株式会社 東信堂

Published by TOSHINDO PUBLISHING CO., LTD.
1-20-6, Mukougaoka, Bunkyo-ku, Tokyo, 113-0023, Japan
E-mail : tk203444@fsinet.or.jp　http://www.toshindo-pub.com

ISBN978-4-7989-1412-1 C3036